Sonal Manohar
Kinjal Majithiya
Palak Guralwar

HIF-1 como potencial alvo de drogas para tumores sólidos

Sonal Manohar
Kinjal Majithiya
Palak Guralwar

HIF-1 como potencial alvo de drogas para tumores sólidos

ScienciaScripts

Imprint
Any brand names and product names mentioned in this book are subject to trademark, brand or patent protection and are trademarks or registered trademarks of their respective holders. The use of brand names, product names, common names, trade names, product descriptions etc. even without a particular marking in this work is in no way to be construed to mean that such names may be regarded as unrestricted in respect of trademark and brand protection legislation and could thus be used by anyone.

Cover image: www.ingimage.com

This book is a translation from the original published under ISBN 978-620-8-01067-6.

Publisher:
Sciencia Scripts
is a trademark of
Dodo Books Indian Ocean Ltd. and OmniScriptum S.R.L publishing group

120 High Road, East Finchley, London, N2 9ED, United Kingdom
Str. Armeneasca 28/1, office 1, Chisinau MD-2012, Republic of Moldova, Europe
Printed at: see last page
ISBN: 978-620-8-27634-8

HIF-1 COMO POTENCIAL ALVO DE FÁRMACOS PARA TUMORES SÓLIDOS

SONAL M. MANOHAR,

KINJAL MAJITHIYA,

PALAK GURALWAR

Departamento de Ciências Biológicas, Sunandan Divatia School of
Science, SVKM's NMIMS (Deemed-to-be) University,
Vile Parle (West), Mumbai 400056, Índia.

LAP LAMBERT ACADEMIC PUBLISHING

2024

PREFÁCIO

As condições de hipóxia são frequentemente geradas no microambiente tumoral devido às elevadas taxas de proliferação celular e à vasculatura aberrante. O fator induzível por hipóxia-1 (HIF-1) é o principal fator de transcrição que regula a expressão de mais de centenas de genes em condições de hipóxia. As células hipóxicas dos tumores sólidos apresentam frequentemente uma sobreexpressão da subunidade HIF-1α, que se correlaciona com uma doença agressiva. Isto resulta num aumento da atividade do HIF-1, que suporta muitas caraterísticas das células cancerosas, como a metástase e o metabolismo alterado. Nas últimas duas décadas, muitos fármacos anticancerígenos demonstraram anular a atividade do HIF-1 em modelos pré-clínicos através de vários mecanismos. Este livro é uma tentativa sincera de familiarizar os leitores com a regulação e o papel do HIF-1 na sinalização oncogénica. Além disso, é também discutido o seu potencial como alvo de fármacos para tumores sólidos.

Todos os capítulos foram revistos por pares e verificados cuidadosamente quanto à semelhança do texto utilizando o software Turnitin para evitar qualquer plágio.

Esperamos sinceramente que este livro se destaque como um testemunho da busca incessante de conhecimento nas áreas do cancro, da biologia celular e molecular. Assim, ao virar as páginas, permitindo que as palavras se desenrolem, que a sua compreensão do mundo biológico seja enriquecida para sempre! Agradecemos às autoridades da SVKM's NMIMS (Deemed-to-Be) University pelo seu apoio e encorajamento.

Dr. Sonal M. Manohar

Sra. Kinjal Majithiya

Palak Guralwar

(Autores)

agosto de 2024

SOBRE OS AUTORES

A Dra. Sonal M. Manohar trabalha atualmente como Professora Assistente (escala sénior) e supervisora de doutoramento reconhecida no Departamento de Ciências Biológicas, Sunandan Divatia School of Science, SVKM's NMIMS (Deemed-to-be) University, Vile Parle, Mumbai. Anteriormente, trabalhou no Departamento de Farmacologia (Oncologia) da Piramal Life Sciences Ltd. durante 8 anos como investigadora, onde também concluiu o seu doutoramento em Biologia Aplicada. Seguiu-se um período de investigação pós-doutoral no IIT Bombay. Publicou mais de 30 artigos de investigação e de revisão em revistas de renome revistas por pares e tem um índice h de 14 com mais de 600 citações. Tem 3 patentes internacionais (EUA), 1 livro editado e 7 capítulos de livros a seu crédito. É também revisora honorária de várias revistas internacionais de renome. A sua principal área de investigação é a investigação translacional do cancro, com especial incidência na sinalização celular. É membro vitalício da Associação Indiana de Investigação do Cancro (IACR) e da Sociedade de Citometria da Índia (TCS).

A Sra. Kinjal Majithiya, licenciada em Ciências Biomédicas pela Universidade NMIMS (Deemed-to-be), apaixonou-se acidentalmente pela oncologia quando tentava compreender por que razão as células, por vezes, se tornam rebeldes. Deseja prosseguir estudos superiores numa área relacionada com a biologia. Os outros passatempos de Kinjal incluem qualquer atividade que dê uma desculpa para fugir do laboratório e lembrar-se de que o sol ainda existe.

Palak Guralwar é licenciada em Ciências Biomédicas pela NMIMS (Deemed-to-be) University, Mumbai, e tem um diploma de pós-graduação em Biotecnologia e Genómica pela Concordia University, em Montreal. Atualmente, está a tirar um Certificado de Pós-graduação em Gestão de Recursos Humanos na Universidade de York em Toronto, Canadá. Palak é apaixonada por entrar no mundo do empreendedorismo biotecnológico. Também trabalha como designer gráfica e gosta da emoção de andar de mota e da serenidade das caminhadas nos seus tempos livres.

HIF-1 COMO POTENCIAL ALVO DE FÁRMACOS PARA TUMORES SÓLIDOS

Índice

Capítulo 1: Introdução ao fator indutor de hipóxia

A hipóxia é descrita como a falta de oxigénio que leva a uma oxigenação insuficiente dos tecidos. Devido ao fraco desenvolvimento vascular e ao rápido crescimento do tumor, certas regiões de um tecido canceroso são hipóxicas [1]. As células cancerígenas desenvolvem uma intrincada rede de regulação para sobreviverem em circunstâncias tão difíceis [2]. De facto, as condições de hipóxia estão associadas à aquisição de caraterísticas tumorais como alterações metabólicas, aumento do tempo de vida das células, alterações na adesão celular e alterações na composição da matriz extracelular, para além do seu papel na neovascularização - que é necessária para que as células cancerosas se adaptem a condições de baixo oxigénio e nutrientes [3, 4]. Consequentemente, a hipóxia é uma caraterística dos tumores sólidos e está intimamente associada a um mau prognóstico da doença devido ao desenvolvimento de resistência à quimioterapia e à radioterapia [5-7]. A hipóxia também afecta as interações entre as células estromais ou endoteliais e as células tumorais. As células cancerosas hipóxicas, sendo invasivas, metastáticas, anti-apoptóticas e geneticamente instáveis, sobrevivem e proliferam em áreas com perfusão limitada.

Os factores induzíveis pela hipóxia (HIFs) são reguladores principais que visam genes específicos em resposta a condições de hipóxia, mediando assim a adaptação do tumor a essas condições [8]. De forma notável, vários genes cuja expressão é potenciada pela ativação dos HIFs são expressos de forma mais robusta no cancro do que nos tecidos normais correspondentes [9]. Um dos três membros da família de proteínas HIF, HIF-1, é expresso de forma quase ubíqua e tem um papel estabelecido na transformação maligna [10]. O HIF-1 funciona como um centro de sinalização, orquestrando a ação de numerosos factores de transcrição e vias de sinalização que têm um impacto na carcinogénese. Estas caraterísticas, e muitas outras, explicam o interesse crescente em explorar o potencial do HIF como um alvo terapêutico para o tratamento do cancro. Os capítulos seguintes descrevem a estrutura e a função do

HIF-1, o seu papel biológico e a sua interação com as vias de sinalização oncogénicas. Além disso, é também discutido o seu potencial como alvo de medicamentos anticancerígenos e os candidatos a medicamentos que inibem a atividade do HIF-1.

Referências

1. Al Tameemi W, Dale TP, Al-Jumaily RMK, Forsyth NR. Hypoxia-modified cancer cell metabolism. *Front. Cell Dev. Biol.* 7, 4 (2019).
2. Locasale JW, Cantley LC, Heiden MGV. O apetite insaciável do cancro. *Nat. Biotech.* 27 (10), 916-917 (2009).
3. Carnero A, Lleonart M. O microambiente hipóxico: um determinante da evolução das células estaminais cancerígenas. *Bioessays* 38 (1), S65-74 (2016).
4. Finger EC, Giaccia AJ. Hipóxia, inflamação e o microambiente tumoral na doença metastática. *Cancer Metastasis Rev.* 29 (2), 285-293 (2019).
5. Lequeux A, Noman MZ, Xiao M, *et al.* Impacto do microambiente tumoral hipóxico e da plasticidade das células tumorais na expressão dos pontos de controlo imunitário. *Cancer Lett.* 458, 13-20 (2019).
6. Rankin EB, Nam J-M, Giaccia AJ. Hipóxia: sinalizando a cascata metastática. *Trends Cancer* 2 (6), 295-304 (2016).
7. Wouters BG, Brown JM. Cells at intermediate oxygen levels can be more important than the "hypoxic fraction" in determining tumor response to fractionated radiotherapy. *Radiat. Res.* 147 (5), 541 (1997).
8. Balamurugan K. HIF-1 at the Crossroads of hypoxia, inflammation, and cancer (HIF-1 na encruzilhada da hipoxia, inflamação e cancro). *Int. J. Cancer* 138 (5), 1058-1066 (2015).
9. Maxwell P. Activation of the HIF pathway in cancer (Ativação da via HIF no cancro). *Curr. Opin. Genet. Dev.* 11 (3), 293-299 (2001).
10. Keith B, Simon MC. Hypoxia-inducible factors, stem cells, and cancer. *Cell* 129 (3), 465-472 (2007).

Capítulo 2: Estrutura e funções moleculares do HIF-1

O HIF foi inicialmente descoberto como um regulador da hormona eritropoietina, que regula a síntese de glóbulos vermelhos. Posteriormente, foi demonstrado que o HIF estimula uma vasta gama de outros genes, demonstrando o seu papel como regulador-chave da resposta adaptativa a condições de hipoxia. Semenza et al. descobriram, em 1991, um potenciador induzido pela hipóxia (sob a forma da sequência de ADN 5'- RCGTG-3') localizado a montante do gene da eritropoietina humana nos tecidos hipóxicos induzidos pela anemia. Este foi então designado por elemento de resposta à hipóxia (HRE) porque influenciava significativamente a atividade de transcrição do gene em circunstâncias de hipóxia [1]. Investigações posteriores culminaram na descoberta do fator nuclear HIF, que se liga ao HRE e ativa transcritivamente os genes associados.

Até à data, foram descobertos três membros da família HIF acima referida. Estes são heterodímeros de uma subunidade α dependente de oxigénio (de HIF-1, HIF-2 ou HIF-3) e de uma subunidade HIF-1β independente de oxigénio e expressa constitutivamente [2]. O HIF-1β foi descoberto antes do HIF-1α e foi reconhecido como proteína de ligação do recetor de hidrocarbonetos arilo (AhR). Por conseguinte, é também designada por translocador nuclear do recetor de hidrocarbonetos arilo (ARNT). A Ahr acelera a translocação do HIF-1 β para o núcleo. Posteriormente, o ARNT funciona como uma proteína de ligação comum das subunidades AhR e HIF-1α. O HIF-1a é um polipeptídeo com 826 aminoácidos, ao contrário do HIF-1 β, que tem 774 ou 789 aminoácidos. Ambas as subunidades α e β pertencem a uma família de factores de transcrição de hélice básica-loop-hélice/Per- ARNT-Sim (bHLH-PAS) [2]. O domínio HLH medeia a dimerização enquanto o domínio básico se liga ao ADN [3]. Os genes alvo e os padrões de expressão específicos dos tecidos parecem ser análogos mas distintos para os heterodímeros HIF-1α ou HIF-2a. Em comparação com os outros homólogos do HIF, o HIF-3a não é tão amplamente investigado. Proteína com domínio PAS inibitório

(IPAS) demonstrou ser uma versão com splicing alternativo do HIF-3α. Regula negativamente a atividade transcricional do HIF-1 [4].

Enquanto o HIF-1 β é apenas um cúmplice da dimerização, o HIF-1α é responsável pela atividade transcricional, uma vez que possui domínios de transactivação (TAD) [5] (Fig. 2.1). O HIF-1α tem dois domínios de transactivação nas duas extremidades: Domínio de transactivação C-terminal (C-TAD) e domínio de transactivação N-terminal (N- TAD). Durante a hipoxia, o C-TAD regula a ativação transcricional do HIF-1α, enquanto o N-TAD mantém a estabilidade do HIF-1α [6]. O domínio de degradação dependente do oxigénio (ODDD) está presente no N-TAD, o que leva à degradação proteasómica mediada pela ubiquitina do HIF-1α durante a normóxia [7]. Existem duas sequências de localização nuclear no HIF-1, uma no terminal C e a outra no terminal N do domínio bHLH [8].

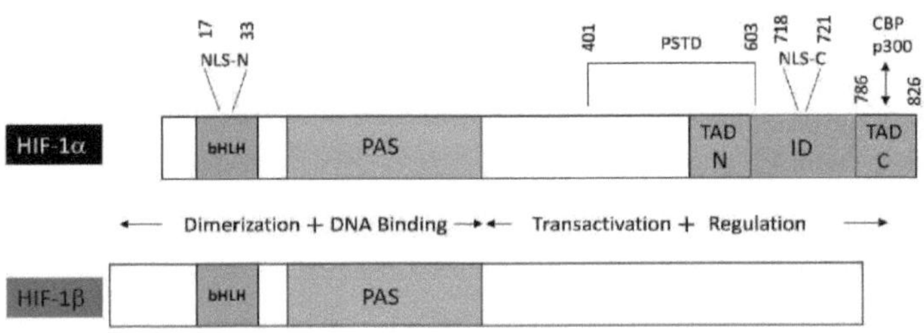

Fig. 2.1 Domínios estruturais das subunidades HIF-1α e HIF-1β
O HIF-1α é um polipéptido de 826 aminoácidos, enquanto o HIF-1α é um polipéptido de 774 ou 789 aminoácidos devido ao splicing alternativo de um exão que termina 15 aminoácidos antes do domínio bHLH (basic helix-loop-helix). A heterodimerização dos domínios bHLH e PER-aryl hydrocarbon nuclear translator (ARNT)-SIM (PAS) é necessária para a ligação ao ADN. O HIF-1α também possui sinais de localização nuclear amino e carboxil-terminais (NLS-N e NLS-C, respetivamente), um domínio de estabilização proteica rico em prolina-serina-treonina (PSTD), domínios de transactivação amino e carboxil-terminais (TAD-N e TAD-C, respetivamente) e um domínio inibidor da transcrição (ID). O TAD-C interage com os coactivadores de transcrição CBP e p300.

Em condições de normoxia, o TAD-C é hidroxilado e, por conseguinte, não pode interagir com os coactivadores de transcrição p300 e CBP [17] (Fig. 2.2). Dois resíduos de prolina no ODDD do HIF-1α - Pro-402 e Pro-564, são hidroxilados por prolil hidroxilases (PHDs) em normoxia, o que requer oxigénio, ferro e 2-oxoglutarato como cofactores [9]. Além disso, a asparagina hidroxilase viz. Fator-Inhibiting HIF-1 (FIH-1) hidroxila um resíduo de asparagina (Asn-803) do TAD-C em condições de normoxia [7, 10]. Devido à sua capacidade de detetar a presença ou ausência de oxigénio no ambiente celular e de regular a subsequente estabilização dos HIFs, estas hidroxilases viz. FIH e PHDs desempenham um papel funcional fundamental como sensores de oxigénio celular [10].

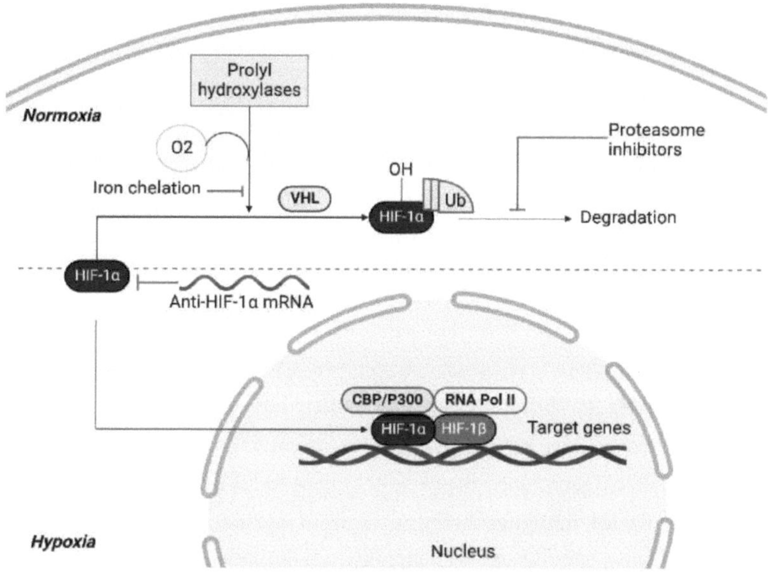

Fig. 2.2 Regulação da atividade do HIF-1 em condições de normoxia e hipoxia

Na presença de oxigénio, as prolil hidroxilases realizam a hidroxilação do HIF-1α, permitindo que este se ligue ao complexo VHL. O complexo VHL conjuga o HIF-1 α com moléculas de ubiquitina (Ub), conduzindo assim à sua degradação proteossómica. Os inibidores do proteassoma podem, de facto, suprimir a modificação da Ub, o que impede a degradação do HIF-1 α. Sem oxigénio, a prolil hidroxilase não pode hidroxilar o HIF-1 α, tornando-o intacto. O HIF-1 α estabilizado interage com o HIF-1β, cofactores como o complexo da DNA polimerase II (Pol II), CBP/p300 e o translocador nuclear do recetor de hidrocarbonetos arilo (ARNT) para se ligar aos HREs e desencadear a transcrição dos genes alvo.

A proteína supressora de tumores Von Hippel-Lindau (VHL) - um componente do complexo de ubiquitina ligase E3 - reconhece estes aminoácidos hidroxilados no HIF-1α e medeia assim a sua degradação proteossómica 26S em condições de normóxia. Este complexo inclui também as elonginas B e C, Cullin-

2 (CUL2) e RBX1 [11]. Este sistema dependente da dioxigenase e mediado pela via da ubiquitina-proteassoma é o primeiro mecanismo molecular divulgado e o mais crítico da atividade do HIF-1α. Mais tarde, provou-se que os níveis de expressão do HIF-1 são modulados a vários níveis. Trabalhos recentes demonstram que a ligação cooperativa de VHL e do corepressor FIH-1 atrai histonas desacetilases para HIF-1 em condições de normóxia, pelo que a capacidade de HIF-1 para desencadear a transcrição é também regulada pelo oxigénio através de mecanismos epigenéticos [12]. Durante condições de hipóxia, PHD e FIH-1 tornam-se não-funcionais, o que leva à estabilização de HIF-1.

O heterodímero HIF-1 liga-se então ao coactivador de transcrição p300/CBP e liga-se ao HRE no promotor juntamente com o p300/CBP, numa tentativa de aumentar a expressão dos seus genes alvo, tais como o fator de crescimento endotelial vascular (VEGF), GLUT-1, aldolase, etc., para a sobrevivência das células nessas condições [13, 14].

Os organismos eucarióticos superiores desenvolveram diferentes mecanismos para melhorar a captação e distribuição do oxigénio, a fim de preservar a homeostase do oxigénio. Consequentemente, as vias de resposta dependentes do oxigénio encontram-se em quase todas as células dos mamíferos [15]. As neoplasias malignas humanas sofrem normalmente de hipoxia, que provoca alterações adaptativas no metabolismo celular, como a glicólise aeróbica, a síntese elevada de glicogénio e a utilização de glutamina em vez de glicose como fonte primária para a síntese de ácidos gordos. O HIF-1 ativa a transcrição de mais de 150 genes alvo, incluindo o VEGF. A maioria destes genes está envolvida no transporte e metabolismo da glicose, no aumento da disponibilidade de oxigénio e na angiogénese [16, 17].

Referências

1. Kulkarni RP, Tohari S, Ho A, Brenner S, Venkatesh B. Caracterização de um elemento de resposta à hipóxia no locus Epo do baiacu, *Takifugu rubripes*. *Mar. Genomics* 3 (2), 63-70 (2010).

2. Wang GL, Semenza GL. Purificação e caraterização do Fator Indutível pela Hipóxia 1. *J. Biol. Chem.* 270 (3), 1230-1237 (1995).
3. Semenza GL, Agani F, Booth G, *et al.* Análise estrutural e funcional do fator 1 induzível pela hipóxia. *Kidney Int.* 51 (2), 553-555 (1997).
4. Makino Y, Kanopka A, Wilson WJ, Tanaka H, Poellinger L. Inhibitory PAS Domain Protein (IPAS) is a Hypoxia-Inducible splicing variant of the Hypoxia-Inducible Fator-3α locus. *J. Biol. Chem.* 277 (36), 3240532408 (2002).
5. Koshiji M, Kageyama Y, Pete EA, Horikawa I, Barrett JC, Huang LE. O HIF-1α induz a paragem do ciclo celular ao contrariar funcionalmente o Myc. *EMBO J.* 23 (9), 1949-1956 (2004).
6. Li H, Ko HP, Whitlock JP. Induction of Phosphoglycerate Kinase 1 Gene Expression by Hypoxia. *J. Biol. Chem.* 271 (35), 21262-21267 (1996).
7. Rani S, Roy S, Singh M, Kaithwas G. Regulação da transactivação no domínio C-TAD do HIF-1α pelo fator de inibição do HIF-1α (FIH-1): A Potential target for therapeutic intervention in Cancer. *Oxid. Med. Cell. Longev.* 2022, 1-21 (2022).
8. Xia Y, Choi HK, Lee, K. Recent Advances in Hypoxia-Inducible Fator (HIF)-1 Inhibitors. *Eur. J. Med. Chem.* 49, 24-40 (2012).
9. Epstein AC, Gleadle JM, McNeill LA, *et al. C. elegans* EGL-9 e homólogos de mamíferos definem uma família de dioxigenases que regulam o HIF por hidroxilação de prolilo. *Cell* 107(1):43-54 (2001).
10. Eltzschig HK, Carmeliet P. Hypoxia and inflammation. *N. Engl. J. Med.* 364(7):656-665 (2011).
11. Xiao Y, Thakkar KN, Zhao H, *et al.* O m^6 A RNA desmetilase FTO é um parceiro letal sintético independente de HIF com o supressor de tumor VHL. *Proc. Natl. Acad. Sci. USA.* 117(35), 21441-21449 (2020).
12. Mahon PC, Hirota K, Semenza GL. FIH-1: Uma nova proteína que interage com HIF-1α e VHL para mediar a repressão da atividade transcricional de HIF-1. *Genes Dev.* 15 (20), 2675-2686 (2001).
13. Arany Z, Huang LE, Eckner R, *et al.* Um papel essencial para o P300/CBP na resposta celular à hipoxia. *Proc. Natl. Acad. Sci. USA.* 93 (23), 12969-12973 (1996).

14. Semenza GL. HIF-1: Mediator of physiological and pathophysiological responses to hypoxia. *J. Appl. Physiol.* 88 (4), 1474-1480 (2000).
15. Bruick RK. Expression of the gene encoding the proapoptotic Nip3 protein is induced by hypoxia. *Proc. Natl. Acad. Sci. USA.* 97 (16), 9082-9087 (2000).
16. Semenza GL. Envolvimento do Hypoxia-Inducible Fator 1 no cancro humano. *Intern. Med.* 41 (2), 79-83 (2002).
17. Benita Y, Kikuchi H, Smith AD, Zhang MQ, Chung DC, Xavier RJ. An integrative genomics approach identifies Hypoxia Inducible Fator-1 (HIF-1)-Target genes that form the core response to hypoxia. *Nucleic Acids Res.* 37 (14), 4587-4602 (2009).

Capítulo 3: Efeito do HIF-1 nas respostas fenotípicas das células cancerígenas

Os HIFs são factores críticos de várias caraterísticas do cancro. O HIF-1 regula uma variedade de processos celulares nas células cancerosas, juntamente com várias oncoproteínas, tal como descrito abaixo e representado na Fig. 3.1.

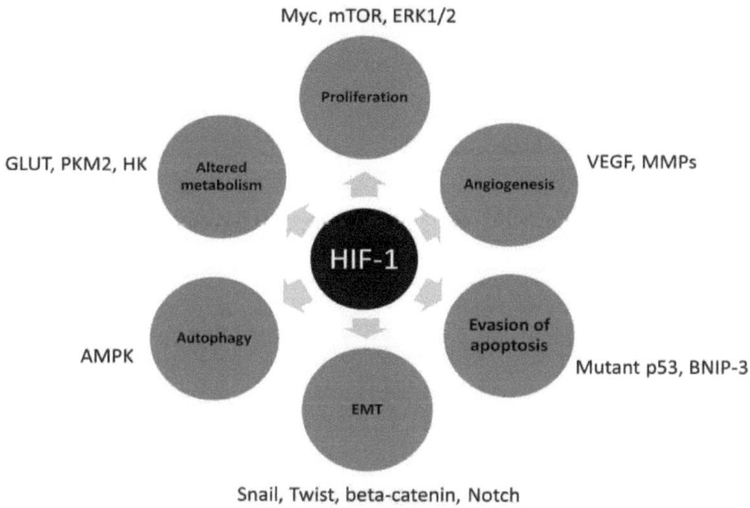

Fig. 3. 1 O HIF-1 actua como um regulador-chave das caraterísticas do cancro

A aquisição de muitas caraterísticas pelas células tumorais sólidas é facilitada pela hiperactivação do HIF-1 devido à sobreexpressão do HIF-1α, que funciona em conjunto com outras oncoproteínas

3.1 Proliferação

Na hipoxia, vários factores de crescimento conhecidos por estimularem a proliferação celular são hiperactivados. Esta proliferação provoca normalmente a migração e a restauração normais das células após uma lesão aguda ou prolongada por hipoxia.

Os factores de crescimento cuja produção é induzida pelo HIF-1 durante a hipóxia incluem o fator de crescimento semelhante à insulina-2 (IGF-2), o fator de crescimento transformador-beta (TGFβ) e o fator de crescimento derivado das plaquetas (PDGF) [1]. O mediador essencial a jusante da sinalização do fator de crescimento induzido pelo HIF-1 é a PI3K, que regula a proliferação celular e previne a apoptose a jusante de uma série de vias de sinalização do recetor tirosina quinase (RTK). A via PI3K é controlada pela fosfoinositídeo fosfatase homóloga PTEN, e mutações aleatórias na PTEN agravam as repercussões da ativação do HIF-1. Devido ao aumento da atividade das respostas mediadas pelo HIF, as mutações no PTEN podem potencialmente favorecer o desenvolvimento de tumores [2]. De acordo com estudos, outra importante quinase a jusante dos RTKs é a proteína quinasc activada por mitogénio p42/p44 (ERK1/2), que fosforila o HIF-1 e aumenta a sua atividade transcricional, regulando assim a agressividade com que as células se dividem em resposta a factores de crescimento externos [3].

O HIF-1 tem um impacto direto na proliferação e morte celular, modulando a síntese de c-Myc e outros mediadores do ciclo celular e das vias de morte [4]. Espera-se que os níveis de hipoxia mudem drasticamente com as flutuações da massa e do crescimento do tumor, resultando numa vasta gama de respostas das células tumorais. Muitos tipos de cancro apresentam normalmente alterações no oncogene humano c-Myc. Nas células cancerosas, a sobreexpressão do c-Myc pode aumentar a produção de HIF-1 e VEGF. Em circunstâncias excepcionais, a hipóxia pode estimular a morte celular, provocando o desenvolvimento de uma zona necrótica localizada nos tumores. A hipóxia desencadeia uma série de reacções que promovem a proliferação de células tumorais [5].

3.2 Angiogénese

A angiogénese induzida por factores patológicos ou fisiológicos é causada por um mecanismo de deteção de oxigénio nas células tumorais ou estromais inervadas sob hipoxia, que desencadeia a produção de vários genes próangiogénicos através da estabilização do HIF-1 e do aumento da sua atividade transcricional [6].

Quando as células tumorais se multiplicam rapidamente e formam grandes massas tumorais sólidas, os vasos sanguíneos que rodeiam essas massas ficam obstruídos e comprimidos. Normalmente, estes vasos anormais não funcionam corretamente, o que resulta numa falta de fornecimento de oxigénio à região central do tumor [7]. O HIF-1 estimula a angiogénese e a remodelação vascular nas células hipóxicas, o que optimiza a perfusão dos tecidos e a disponibilidade de oxigénio nos tecidos saudáveis. Isto é conseguido através da transcrição induzida pelo HIF-1 de numerosos genes que codificam factores de crescimento e citocinas, incluindo o VEGF [8]. O VEGF, um dos principais genes alvo, atrai e estimula a proliferação de células endoteliais em locais hipóxicos e avasculares, contribuindo assim diretamente para a angiogénese [9]. No entanto, a própria resposta vascular é frequentemente desregulada em doenças malignas, causando anomalias persistentes na perfusão e oxigenação [10]. O processo pelo qual a maioria dos cancros se dissemina para os tecidos saudáveis dos hospedeiros é designado por metástases e é facilitado por uma vasculatura tumoral atípica, bem como pela hipoxia intratumoral concomitante que estas artérias sustentam. O HIF-1 transcreve ativamente um conjunto de genes que regulam numerosas fases do processo metastático [11].

O processo de angiogénese ocorre em duas fases. Na primeira fase, formam-se novos vasos sanguíneos devido à estimulação direta do VEGF e dos seus receptores pela hipóxia e pelo HIF-1. Em segundo lugar, os componentes da matriz extracelular são degradados pelas metaloproteinases (MMPs) para que as células endoteliais em crescimento formem tubos. O HIF-1 aumenta a expressão de várias MMPs, incluindo MMPI, MMP2 e MMP9 [12]. Em seguida, a adesão e a proliferação das células endoteliais são estimuladas pelas integrinas (induzidas pelo HIF-1), e o HIF-1 também regula diretamente o comportamento das células endoteliais através do VEGF. Assim, o HIF-1 pode estimular a divisão e a proliferação celular em resposta à angiogénese induzida pela hipoxia [13].

As informações anteriores indicam que a hipóxia aumenta diretamente a angiogénese através do aumento da expressão de VEGF. Além disso, outros factores para além da hipoxia podem também induzir a angiogénese dependente de HIF-1. A acumulação de HIF-1 nem sempre ocorre apenas sob stress de baixo oxigénio [14]. De facto, o HIF-1 também pode ser regulado de uma forma independente do oxigénio por outros mecanismos. A transformação maligna de uma célula pode levar a uma vasta gama de alterações genéticas que inibem a degradação do HIF-1, aumentando a sua estabilidade em condições de normóxia.

3.3 Inflamação e regulação do sistema imunitário

As condições de hipoxia são observadas tanto no microambiente tumoral como no inflamatório. A atividade do HIF-1 também pode ser induzida pelo óxido nítrico, em locais de inflamação [15]. A ligação entre a inflamação e a hipoxia é gerida principalmente pelas hidroxilases FIH e PHDs, que controlam a estabilização do HIF-1α [16]. A via de sinalização dependente de HIF-1a tem a capacidade de regular o efeito imunomodulador das células T reguladoras num tecido lesionado, inflamado e gravemente hipóxico. Para evitar danos excessivos nos tecidos, o HIF-1α, enquanto regulador da hipóxia, suprime as células T efectoras e controla a resposta imunitária das células T reguladoras (Treg) [17]. Para além da regulação mediada pelo oxigénio, a inflamação também ativa o HIF-1 através do fator nuclear κB (NF-κB) e do STAT3, que regula diretamente a transcrição do HIF-1α. Para além do NF-κB, muitas citocinas podem também ativar o HIF-1 [18]. Reciprocamente, o HIF-1 pode contribuir para a inflamação, estimulando a produção de citocinas e outros mediadores, tais como MMPs, COX-2, interleucinas, etc. A ativação do NF-κB dependente da hipoxia também promove a malignidade em alguns tumores sólidos, como os do cólon, da mama e do pulmão [19].

A hipóxia e o HIF-1 também têm um impacto significativo nos macrófagos, que são cruciais no controlo da resposta imunológica aos tumores. De acordo com os relatórios, a ativação do HIF-1 altera os processos metabólicos dos macrófagos, aumentando a sua atividade migratória [20]. A produção de quimioatraentes, ou seja, citocinas e quimiocinas, pelas células tumorais em condições de hipoxia pode promover a invasão dos macrófagos. Os monócitos e os macrófagos são altamente dependentes da expressão de HIF-1 enquanto regulam a cicatrização de feridas. Estas células são atraídas pelo aumento da secreção de CCL2/MCP-1 mediado pelo HIF-1, que tem uma forte correlação com a expressão de CD68 [21]. Um ambiente hipóxico altera as funções dos macrófagos tanto diretamente, através da atividade das oxidases, oxigenases e hidroxilases, como indiretamente, através dos níveis de ATP/AMP, ROS, ciclo de Krebs e níveis de Fe^2 + [22]. Além disso, a hipóxia faz com que os macrófagos se tornem polarizados em M2, o que facilita o desenvolvimento de um fenótipo pró-tumoral. Um ambiente hipóxico combinado com a ativação do HIF incentiva o recrutamento, a sobrevivência e o funcionamento dos neutrófilos no ambiente tumoral [23]. Embora os neutrófilos associados ao cancro possam promover tanto a supressão como a progressão do tumor, o papel da hipóxia e da atividade do HIF-1 na determinação da função exacta dos neutrófilos é ainda desconhecido [24].

As regiões hipóxicas dos tumores sólidos são infiltradas por um elevado número de células imunossupressoras, como as células supressoras derivadas de mieloides (MDSC) e as células Treg. Quando a atividade do HIF-1 aumenta neste microambiente hipóxico, exerce efeitos imunossupressores através da regulação positiva da sinalização dos receptores do ponto de controlo imunitário, uma vez que ativa a expressão do ligando 1 da morte programada (PD-L1), CD47, etc. [25, 26]. [25, 26]. Assim, a inibição do HIF-1 constitui uma estratégia promissora para a restauração da resposta imunitária contra as células tumorais.

3.4 Apoptose

A apoptose pode ser despoletada em situações de hipoxia grave. Nas células normais, o HIF-1 suporta a apoptose dependente de p53. Embora uma variação do p53 que bloqueia a transcrição seja persistente em ambiente de baixo oxigénio, continua a exigir fosforilação para desencadear a apoptose. Trabalhos anteriores mostram que a apoptose dependente de p53, que é apoiada por HIF-1, é executada por APAF-1 e caspase-9. A investigação sugeriu ainda que o p53 interage diretamente com o HIF-1α, impedindo assim o HIF-1 de promover a transcrição [27] e que certas mutações do p53 observadas nos cancros eliminam este bloqueio. A interação entre o HIF-1α e o p53 é influenciada pelo estado de fosforilação do HIF-1α. Em hipoxia, o HIF-1α liga-se à ARNT apenas depois de ter sido fosforilado. O HIF-1α desfosforilado, pelo contrário, interage com o p53 e inicia a apoptose [28]. Isto mostra que o estado de fosforilação do HIF-1α determina a sua função, ou seja, transcrição versus apoptose. Existe a hipótese de que, ao ligar-se ao p53, o HIF-1 desfosforilado medeia a apoptose, ou é o p53 que impede o HIF-1α de promover a transcrição de genes anti-apoptóticos [29]. Além disso, ambos os factores de transcrição competem com o coactivador de transcrição p300/CBP [30]. A hipóxia é frequentemente observada em tumores não invasivos antes da metástase. É de esperar que a ativação de genes pró-apoptóticos ocorra nesta fase inicial da progressão do tumor. No interesse de evitar a apoptose provocada pela hipoxia, as células cancerosas podem sofrer uma pressão selectiva precoce [31].

O HIF-1 aumenta a síntese das proteínas pró-apoptóticas NIX e BNIP3 em vários tipos de células. A morte celular induzida por BNIP3 não depende da ativação de caspases, da libertação de citocromo c ou da translocação nuclear do fator indutor de apoptose (AIF). Em vez disso, as células com BNIP3 funcional apresentam uma resposta semelhante à necrose, como a permeabilização precoce da membrana plasmática, a formação de vacúolos no citoplasma e a mitofagia. A expressão do BNIP3 é frequentemente silenciada por hipermetilação do promotor no cancro pancreático. O gene NIX encontra-se mutado em tecidos primários de cancro da mama e do ovário. Assim, o BNIP3 e o NIX funcionam como supressores de tumores em muitos cancros sob hipoxia, uma vez que a sua expressão está associada à morte de células tumorais [32]. Por outro lado, foi sugerido que o HIF-1 também pode exercer um efeito antiapoptótico porque as células cancerosas que apresentam hiperactivação do HIF-1 são mais resistentes à apoptose induzida pela hipoxia [33].

3.5 Transição epitelial-mesenquimal (EMT)

Anteriormente, a transição epitelial-mesenquimal (EMT) e a hipoxia eram consideradas eventos separados que promovem a invasão e a metástase nos cancros. Atualmente, é bem conhecido o facto de a EMT ser acompanhada por hipoxia [34].

Como o HIF-1α é estabilizado sob hipoxia, o HIF-1 regula muitos passos cruciais envolvidos na metástase [35]. O HIF-1 regula a expressão de muitos marcadores da EMT, bem como de factores de transcrição que regulam a EMT, tais como Snail, Twist, etc. [36]. A sobreexpressão de HIF-1α está correlacionada com um mau prognóstico em doentes com carcinoma hepatocelular e promove a EMT através do aumento da expressão de Snail1 [37]. Também estimula a EMT em células de cancro do pulmão através do aumento da acumulação de β-catenina nuclear [38]. O HIF-1 está associado à doença metastática agressiva no cancro da próstata, uma vez que induz a expressão de genes que se sabe estarem envolvidos na metástase óssea [39]. Foi demonstrado que, embora a hipóxia induza a EMT através da sinalização HIF-1 nas células cancerosas pancreáticas, apenas as células com propriedades semelhantes às das células estaminais adquirem efetivamente um potencial de migração significativamente elevado [40]. A ativação de HIF-1 numa subpopulação de células tumorais hipóxicas pode aumentar a expressão ou a atividade de proteínas como Notch, Oct-4, c-Myc e telomerase, que são marcadores de fenótipo semelhante ao das células estaminais.

3.6 Metabolismo

O papel das alterações do metabolismo na progressão do cancro tem sido bem reconhecido nos últimos anos. As células normais utilizam predominantemente a fosforilação oxidativa para produzir trifosfato de adenosina (ATP) quando o oxigénio está presente. Otto Heinrich Warburg e colegas descobriram que, por outro lado, os tumores, mesmo em condições de normóxia, optam principalmente pela glicólise aeróbica para promover a rápida proliferação celular. Esta descoberta ficou conhecida como o "efeito Warburg"

[41]. Nos últimos anos, surgiu como uma caraterística do cancro [42]. De facto, mais tarde, descobriu-se que, dependendo da disponibilidade de nutrientes, algumas células de um determinado tumor dependem da glicólise, enquanto outras utilizam principalmente a fosforilação oxidativa para satisfazer as suas necessidades energéticas. Assim, a utilização de diferentes catabolitos por diferentes subpopulações de um tumor torna-o mais agressivo. O efeito Warburg ajuda as células cancerosas a modificarem o seu microambiente para se desenvolverem e, em contrapartida, aumenta a sua malignidade [42]. O HIF-1 apoia o efeito Warburg, uma vez que ativa a expressão de vários genes responsivos à hipóxia associados à glicólise [43-45]. Estes genes incluem aqueles que aumentam a absorção de glucose e a produção de lactato. O heterodímero HIF-1 liga-se ao HRE e induz a expressão de genes responsivos à hipoxia. O HIF-1 regula positivamente a expressão dos transportadores de glucose GLUT1 e GLUT3, o que garante que as células cancerosas tenham acesso a glucose adequada em condições de hipoxia [46].

Existem quatro isoformas de piruvato quinase que convertem o fosfoenolpiruvato (PEP) em piruvato: PKL, PKR, PKMI e PKM2. Entre estas isoformas, a PKM2 é expressa apenas durante a fase embrionária e, à medida que o desenvolvimento embrionário avança, a isoforma PKM2 é substituída por PKM1, PKL ou PKR específicas do tecido. Nos cancros, a expressão de PKM2 está aumentada e a expressão das outras três isoformas está diminuída. Este aumento da transcrição do gene PKM2 é influenciado pelo HIF-1 [47]. Durante a privação de oxigénio ou a ativação do oncogene, a PKM2 interage com a subunidade HIF-1α e funciona como um coactivador. Assim, os genes alvo controlados pelo HIF-1 são transactivados em resultado desta interação no caso do cancro [48, 49].

Outra enzima glicolítica, a hexoquinase (HK), que está associada a um melhor metabolismo da glucose, está frequentemente aumentada em tecidos neoplásicos com fraca diferenciação e níveis elevados de proliferação [50]. Recentemente, foram descobertas associações entre o NF-κB anormalmente ativado, a hexoquinase II (HKII) e a expressão de HIF-1 no linfoma de células B, tendo sido demonstrado que a inibição do NF-κB suprime a expressão de HIF-1 e HKII [51].

A enzima gliceraldeído-3-fosfato desidrogenase (GAPDH) facilita a conversão do gliceraldeído-3-fosfato em 1, 3- bisfosfoglicerato. Foi demonstrado que a hipóxia aumenta a expressão do gene GAPDH através de mecanismos moleculares específicos mediados pelo HIF-1 em células de cancro da mama [52]. Verificou-se também que está sobreexpressa em tumores colorrectais e melanomas [53].

Além do HIF-1, o fator de transcrição Sine Oculis Homeobox 1 (SIXi) colabora com as histonas acetiltransferases HBOi e AIBi para controlar a expressão de genes ligados ao efeito Warburg, incluindo GLUTi, fosfofrutoquinase, PKM, aldolase A, etc. [41, 54]. [41, 54].

O tratamento do HIF-i e das moléculas efectoras relacionadas com a hipoxia pode reduzir a capacidade de sobrevivência das células cancerosas, quer reduzindo o metabolismo da glicose, quer impedindo a angiogénese e a sobrevivência induzidas pelo VEGF, ou ambos. A investigação sobre o cancro está a centrar-se cada vez mais em estratégias para combater o efeito Warburg dependente do HIF-i [55].

Referências

1. Lal A, Peters H, St. Croix B, *et al.* Transcriptional response to hypoxia in human tumors. *J. Natl. Cancer Inst.* 93 (17), 1337-1343 (2001).
2. Chen EY, Mazure NM. Hypoxia activates a Platelet-derived growth fator recetor/phosphatidylinositol 3-kinase/Akt pathway that results in glycogen synthase kinase-3 inactivation. *Cancer res.* 61 (6), 24292433 (2001).
3. Richard DE, Berra E, Gothié E, Roux D, Pouysségur J. P42/P44 Mitogen-activated protein kinases phosphorylate hypoxia-inducible fator 1α (HIF-1a) and enhance the transcriptional activity of HIF-1. *J. Biol. Chem.* 274 (46), 32631-32637 (1999).

4. Yeo E-J. Hypoxia and aging. *Exp. Mol. Medicine* 51 (6), 1-15 (2019).
5. Muz B, de la Puente P, Azab F, Azab AK. O papel da hipóxia na progressão do cancro, angiogénese, metástases e resistência à terapia. *Hypoxia* 3, 83-92 (2015).
6. Kwast KE, Burke PV, Staahl BT, Poyton RO. Oxygen sensing in yeast: evidence for the involvement of the respiratory chain in regulating the transcription of a subset of hypoxic genes. *Proc. Natl. Acad. Sci. USA.* 96 (10), 5446-5451 (1999).

7. Li F, Aljahdali IAM, Zhang R, Nastiuk KL, Krolewski JJ, Ling, X. Biomarcadores do cancro do rim e alvos para terapêutica: Survivin (BIRC5), XIAP, MCL-1, HIF1α, HIF2a, NRF2, MDM2, MDM4, P53, KRAS e AKT no carcinoma de células renais. *J. Exp. Clin. Cancer Res.* 40 (1), 254 (2021).
8. Rey S, Semenza GL. Hypoxia-Inducible Fator-1-Dependent Mechanisms of Vascularization and Vascular Remodelling. *Cardiovasc. Res.* 86 (2), 236-242 (2010).
9. Carmeliet P, Conway EM. Growing Better Blood Vessels. *Nat. Biotech.* 19 (11), 1019-1020 (2001).
10. Carmeliet P, Jain RK. Principles and Mechanisms of Vessel Normalization for Cancer and Other Angiogenic Diseases (Princípios e mecanismos de normalização de vasos para o cancro e outras doenças angiogénicas). *Nat. Rev. Drug Discov.* 10 (6), 417-427 (2011).
11. Semenza GL. Molecular Mechanisms Mediating Metastasis of Hypoxic Breast Cancer Cells (Mecanismos Moleculares que Medeiam a Metástase de Células de Cancro da Mama Hipóxicas). *Trends Mol. Med.* 18 (9), 534-543 (2012).
12. Ben-Yosef Y, Miller A, Shapiro S, Lahat N. Hypoxia of Endothelial Cells Leads to MMP-2-Dependent Survival and Death. *Am. J. Physiol. Cell Physiol.* 289 (5), C1321-C1331 (2005).
13. Manalo DJ, Rowan A, Lavoie T, *et al.* Transcriptional Regulation of Vascular Endothelial Cell Responses to Hypoxia by HIF-1. *Blood* 105 (2),

659-669 (2005).

14. Pugh CW, Ratcliffe PJ. Regulation of Angiogenesis by Hypoxia: Role of the HIF System (Regulação da Angiogénese por Hipóxia: Papel do Sistema HIF). *Nat. Med.* 9 (6), 677-684 (2003).
15. Korbecki J, Siminska D, Gqssowska-Dobrowolska M, *et al.* Chronic and Cycling Hypoxia: Drivers of Cancer Chronic Inflammation through HIF- 1 and NF-κB Activation: A Review of the Molecular Mechanisms. *Int. J. Mol. Sci.* 22 (19), 10701 (2021).
16. Bartels K, Grenz A, Eltzschig HK. Hypoxia and Inflammation Are Two Sides of the Same Coin. *Proc. Natl. Acad. Sci. USA.* 110 (46), 1835118352 (2013).
17. Guan S-Y, Leng R-X, Tao J-H, *et al.* Fator de indução de hipoxia-la: A Promising Therapeutic Target for Autoimmune Diseases. *Expert Opin. Ther. Targets* 21(7), 715-723 (2017).
18. Triner D, Shah YM. Hypoxia-Inducible Factors: A Central Link between Inflammation and Cancer. *J. Clin. Invest.* 126 (10), 3689-3698 (2016).
19. D'Ignazio L, Batie M, Rocha S. Hipóxia e inflamação no câncer, foco em HIF e NF-κB. *Biomedicinas* 5 (2), 21 (2017).
20. Casazza A, Laoui D, Wenes M, *et al.* Impedir a entrada de macrófagos em áreas tumorais hipóxicas pelo bloqueio da sinalização Sema3A / Nrp1 inibe a angiogênese e restaura a imunidade antitumoral. *Cancer Cell* 24 (6), 695-709 (2013).
21. Li N, Li Y, Li Z, *et al.* Hypoxia Inducible Fator 1 (HIF-1) Recruits Macrophage to Activate Pancreatic Stellate Cells in Pancreatic Ductal Adenocarcinoma. *Int. J. Mol. Sci.* 17 (6), 799 (2016).
22. Ratcliffe PJ. Oxygen Sensing and Hypoxia Signalling Pathways in Animals (Sensores de Oxigénio e Vias de Sinalização da Hipóxia em Animais): The Implications of Physiology for Cancer (As implicações da fisiologia para o cancro). *Physiol. J.* 591 (8), 2027-2042 (2013).
23. McGettrick AF, O'Neill LAJ. The Role of HIF in Immunity and Inflammation (O papel do HIF na imunidade e na inflamação). *Cell Metab.* 32 (4), 524-536 (2020).

24. Triner D, Shah YM. Hypoxic Regulation of Neutrophils in Cancer (Regulação hipóxica dos neutrófilos no cancro). *Int. J. Mol. Sci.* 20 (17), 4189 (2019).
25. McGettrick AF, O'Neill LAJ. The Role of HIF in Immunity and Inflammation (O papel do HIF na imunidade e na inflamação). *Cell Metab.* 32 (4), 524-536 (2020).
26. Balamurugan K. HIF-1 at the Crossroads of Hypoxia, Inflammation, and Cancer (HIF-1 na encruzilhada da hipoxia, inflamação e cancro). *Int. J. Cancer* 138 (5), 1058-1066 (2015).
27. Maecker HL, Koumenis C, Giaccia AJ. P53 Promotes Selection for Fas-Mediated Apoptotic Resistance. *Cancer res.* 60 (16), 4638-4644 (2000).
2 8.Obacz J, Pastorekova S, Vojtesek B, Hrstka R. Cross-Talk between HIF and P53 as Mediators of Molecular Responses to Physiological and Genotoxic Stresses. *Mol. Cancer* 12 (1), 93 (2013).
29. Sermeus A, Michiels C. Reciprocal Influence of the P53 and the Hypoxic Pathways (Influência recíproca do P53 e das vias hipóxicas). *Cell Death Dis.* 2 (5), e164-e164 (2011).
30. Zhang C, Liu J, Wang J, *et al.* The Interplay Between Tumor Suppressor P53 and Hypoxia Signaling Pathways in Cancer (A interação entre o supressor de tumores P53 e as vias de sinalização da hipoxia no cancro). *Front. Desenvolvimento celular. Biol.* 9, 648808 (2021).
31. Hanahan D, Weinberg RA. Hallmarks of Cancer: The Next Generation. *Cell* 144 (5), 646-674 (2011).
32. Sowter HM, Ratcliffe PJ, Watson P, Greenberg AH, Harris AL. Regulação dependente de HIF-1 da indução hipóxica dos factores de morte celular BNIP3 e NIX em tumores humanos. *Cancer Res.* 61(18), 6669-6673 (2001).
33. Greijer AE. The Role of Hypoxia Inducible Fator 1 (HIF-1) in Hypoxia Induced Apoptosis. *J. Clin. Pathol.* 57 (10), 1009-1014 (2004).
34. Choi B-J, Park S-A, Lee S-Y, Cha YN, Surh Y-J. Hypoxia Induces Epithelial-Mesenchymal Transition in Colorectal Cancer Cells through Ubiquitin-Specific Protease 47-Mediated Stabilization of Snail: A Potential Role of Sox9. *Sci. Rep.* 7 (1), 15918 (2017).

35. Tam SY, Wu VWC, Law HKW. Transição epitelial-mesenquimal induzida por hipóxia em cancros: HIF-1α and Beyond. *Front. Oncol.* 10, 486 (2020).

36. Lin Y-T, Wu K-J. Regulação Epigenética da Transição Epitelial-Mesenquimal: Focusing on Hypoxia and TGF-β Signaling. *J. Biomed. Science* 27 (1), 39 (2020).

37. Zhang L, Huang G, Li X, *et al.* A hipóxia induz a formação de células epiteliais
Transição via ativação de SNAI1 pelo fator induzível por hipóxia -1α no carcinoma hepatocelular. *BMC Cancer* 13, 108 (2013). https://doi.org/10.1186/1471-2407-13-108.

38. Liu K-H, Tsai Y-T, Chin S-Y, Lee W-R, Chen Y-C, Shen S-C. A hipóxia estimula a transição epitelial para mesenquimal em células de câncer de pulmão através do acúmulo de β catenina nuclear. *Pesquisa anticâncer.* 38 (11), 6299-6308 (2018).

3 9· Manohar SM. *Insights sobre os drivers moleculares do câncer de próstata.* In: Horizontes na pesquisa do câncer *(Volume 76).* Watanabe HS (Ed.), Nova Science Publishers, Nova York, EUA, 1-84 (2020).

4 0.Salnikov AV, Liu L, Platen M, et al. A hipóxia induz EMT em células tumorais pancreáticas baixas e altamente agressivas, mas apenas as células com caraterísticas de células estaminais cancerígenas adquirem um potencial migratório pronunciado. *PLoS ONE* 7 (9), e46391 (2012).

41. Samec M, Liskova A, Koklesova L, *et al.* Flavonóides que visam o HIF-1: implicações no metabolismo do cancro. *Cancros* 13 (1), 130 (2021).

42. Martinez-Outschoorn UE, Peiris-Pagés M, Pestell RG, Sotgia F, Lisanti MP. Erratum: Cancer Metabolism: A Therapeutic Perspective. *Nat. Rev. Clin. Oncol.* 14 (2), 113 (2017).

43. Taddei ML, Giannoni, E.; Comito, G.; Chiarugi, P. Microambiente e plasticidade das células tumorais: An Easy Way Out. *Cancer Lett.* 341 (1), 8096 (2013).

44. Nagao A, Kobayashi M, Koyasu S, Chow CCT, Harada H. Reprogramação dependente de HIF-1 da via metabólica da glicose em células cancerígenas e seu significado terapêutico. *Int. J. Mol. Sci.* 20 (2), 238 (2019).

45. Eales, K. L.; Hollinshead, K. E. R.; Tennant, D. A. Hipóxia e Adaptação Metabólica das Células Oncológicas. *Oncogénese* 5 (1), e190-e190 (2016).
46. Sadlecki P, Bodnar M, Grabiec M, *et al.* O papel do fator induzível por hipóxia-1α, transportador de glicose-1, (GLUT-1) e anidrase carbônica IX em pacientes com câncer de endométrio. *Biomed Res. Int.* 2014, 1-11 (2014).
47. Demaria M, Poli V. PKM2, STAT3 e HIF-1α. O círculo vicioso de Warburg. *JAK-STAT* 1 (3), 194-196 (2012).
48. Dong G, Mao Q, Xia W, *et al.* PKM2 and Cancer: A função da PKM2 para além da glicólise. *Oncol. Lett.* 11 (3), 1980-1986 (2016).
49. Dayton TL, Jacks T, Vander Heiden MG. PKM 2, Metabolismo do Câncer e o Caminho a Seguir. *Relatórios EMBO* 17 (12), 1721-1730 (2016).
50. Roberts DJ, Miyamoto S. Hexokinase II integra o metabolismo energético e a proteção celular: Akting nas mitocôndrias e TORCing para autofagia. *Cell Death Differ.* 22(2), 248-257 (2014).
51. Nakajima K, Kirito K, Kawashima I, Koshiishi M, Kumagai T, Mitsumori T. A ativação aberrante de NF-κB e hipóxia aumenta a expressão da enzima glicolítica Hexokinase II no linfoma de células B através da ativação de HIF-1. *Sangue* 130(1), 4025 (2017).
52. Higashimura Y, Nakajima Y, Yamaji R, *et al.* Up-Regulation of Glyceraldehyde-3-Phosphate Dehydrogenase Gene Expression by HIF-1 Activity Depending on Sp1 in Hypoxic Breast Cancer Cells. *Arch. Biochem. Biophys.* 509 (1), 1-8 (2011).
53. Tarrado-Castellarnau M, Diaz-Moralli S, Polat IH, *et al.* Glyceraldehyde- 3-phosphate dehydrogenase is overexpressed in colorectal cancer onset. *Transl. Med. Commun. 2,* 6 (2017).
54. Li L, Liang Y, Kang L, *et al.* Regulação transcricional do efeito Warburg no câncer por SIX1. *Célula do Câncer* 33 (3), 368-385.e7 (2018).
55. Samec M, Liskova A, Koklesova L, *et al.* Flavonóides contra o fenótipo de Warburg - Conceitos de medicina preditiva, preventiva e personalizada para cortar o nó górdio do metabolismo das células cancerígenas. *EPMA Journal* 11 (3), 377-398 (2020).

Capítulo 4: Relações cruzadas entre o HIF-1 e outras vias de sinalização oncogénica

A expressão e os níveis proteicos do HIF-1α são regulados por várias proteínas oncogénicas. Reciprocamente, a sinalização do HIF-1 interage com várias vias que estão implicadas no cancro (Fig. 4.1), como se refere a seguir.

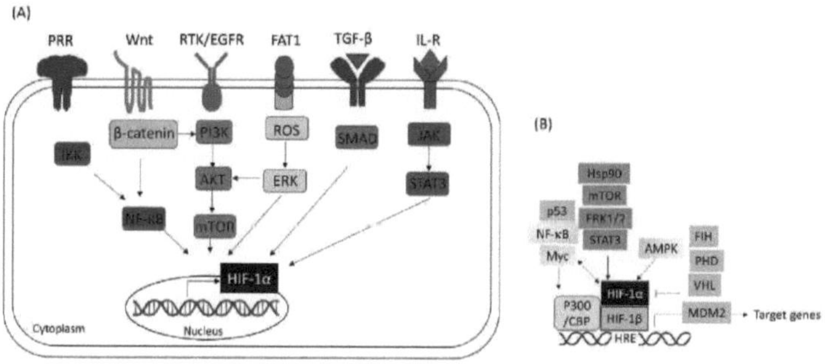

Fig. 4.1 Vias de sinalização e proteínas importantes que regulam a atividade do HIF-1

A) Várias vias de sinalização induzem a expressão de HIF-1α, nomeadamente as vias relacionadas com a resposta imunitária através de PRR/IKK/NF-κB e IL-R/JAK/STAT3, Wnt através de β-catenina, RTKs através de PI3K/Akt, FAT1 através de ROS/ERK, TGF-β através de SMAD. (B) Proteínas-chave que regulam a atividade de HIF-1 através da estabilização/desestabilização de HIF-1α em cancros. Verde - reguladores positivos, vermelho - reguladores negativos da estabilização do HIF-1α, amarelo - reguladores positivos que são reciprocamente activados pelo HIF-1α. As setas a tracejado indicam ativação/estabilização por mecanismo desconhecido.

4.1 c-Myc

A oncoproteína c-Myc (também conhecida por Myc) é um regulador de transcrição primário que coordena uma série de actividades celulares, incluindo a divisão celular, a diferenciação e a angiogénese [1]. Este fator de transcrição HLH com fecho de leucina forma um heterodímero com a proteína designada por

Myc-associated protein X (MAX) [2]. Através do domínio bHLH-leucine zipper no terminal C de Myc, o dímero Myc-MAX liga-se aos motivos E-box de consenso na cromatina para induzir a transcrição de genes alvo. No entanto, MAX também dimeriza com o antagonista de Myc MAD1 (também conhecido como MAX interactor 1), para ocupar a mesma região E-box e promover a supressão de genes. As caixas Myc I e II conservadas, que são necessárias tanto para a ativação como para a repressão da transcrição, encontram-se no domínio de transactivação de Myc localizado no terminal N [3]. Thr-58 e Ser-62 são os dois locais de fosforilação significativos dentro destas caixas Myc, essenciais para o controlo da estabilização e ativação de Myc em resposta a sinais de crescimento celular [4]. Myc tende a ser sobre-expressa em tumores humanos como consequência de rearranjos genéticos, tais como amplificações de genes e translocações cromossómicas [5]. A expressão descontrolada de Myc tem sido associada à vasculogénese, à redução da adesão celular e a metástases.

Myc e HIF são expressos em níveis baixos em ambientes fisiológicos porque essas proteínas são degradadas rapidamente em normóxia. No entanto, para uma homeostase celular saudável, ambas são necessárias. Durante o desenvolvimento de tumores, o eixo HIF-Myc pode colaborar com outras vias de sinalização implicadas no cancro (como Ras/ERK, PI3K/Akt) para alterar o metabolismo celular, a proliferação celular e a estabilidade genómica. Foi demonstrado que o HIF-1α inibe a atividade de Myc em hipoxia como mecanismo de defesa para evitar a sobrevivência das células em ambientes de baixo oxigénio. Uma das formas é impedir que Myc se ligue a parceiros proteicos, o HIF-1α pode inibir a transcrição de genes alvo induzida por Myc. O HIF-1α liga-se ao MAX, interrompendo assim os complexos Myc/MAX, o que diminui a produção de ciclina D2, induz p21 e causa paragem da fase G1 [6]. Por outro lado, Myc aumenta a fosforilação oxidativa mitocondrial e a produção de espécies reactivas de oxigénio (ROS) [7]. A acumulação de ROS inibe as PHDs em condições não hipóxicas, levando eventualmente à estabilização e acumulação de HIF-1α [7, 8]. Myc tem sido também demonstrou aumentar a atividade transcricional do HIF-1 através da remodelação da cromatina e pode ser necessário para recrutar coactivadores transcricionais para genes alvo do HIF-1 [9, 10].

4.2 P53

A p53 controla o ciclo celular para manter a homeostase celular. O regulador negativo mais importante da p53 é a E3 ubiquitina ligase MDM2, que interage diretamente com a proteína p53 e a ubiquitina para destruição proteasómica. Assim, a MDM2 mantém os níveis da proteína p53 baixos num ambiente sem stress. Em resposta a condições de stress, como danos no ADN, ativação de oncogenes e hipoxia, a p53 é estabilizada predominantemente através de modificações pós-traducionais que levam à sua dissociação do MDM2, impedindo assim a sua degradação [11]. No seu papel de supressor de tumores e fator de transcrição crucial, o p53 responde a uma série de indicações de stress, incluindo a hipoxia, e transcreve seletivamente os seus genes alvo para regular diferentes reacções celulares como meio de exercer a sua atividade supressora de tumores. Aumenta a transcrição de genes que controlam o ciclo celular, como o p21, bem como de genes implicados na apoptose (Bax) ou na autofagia (BNIP3). Certas formas mutantes de p53, que se encontram habitualmente nos tumores, apresentam propriedades oncogénicas de ganho de função que contribuem para a progressão do cancro. O MDM2 é um gene-alvo intrigante do p53 que pode ser ativado pelo p53. O p53 é dissociado do MDM2 em resposta a avisos de stress, o que provoca a acumulação da proteína p53 nas células. Há provas de que a hipoxia aumenta os níveis e a atividade da proteína p53, tanto de forma dependente como independente do HIF-1. O HIF-1 pode controlar a p53 alterando a atividade da MDM2. De acordo com Chen et al., (2003) MDM2 e HIF-1α interagem diretamente para prevenir a ubiquitinação de p53, a degradação proteasomal 26S e a exportação nuclear [12]. Além disso, a hipoxia reforça a degradação proteasomal dependente de ubiquitina do MDM2 através da indução de PNUTS - um regulador da proteína fosfatase 1, que ativa o p53 e provoca a morte mediada pelo p53 [13]. Por outro lado, foi referido que o MDM2 ubiquitina o HIF-1α e induz a sua degradação proteossómica em condições de hipoxia [14].

Foi demonstrado que, embora a hipoxia induza a acumulação da proteína p53, mas em contraste com os danos no ADN, a hipoxia não induz a expressão do ARNm e da proteína do efector a jusante da p53. Parece que, enquanto a acumulação de HIF- 1α ajuda na adaptação celular à hipoxia ligeira, a acumulação e ativação de p53 causa a morte celular em muitas células quando ocorre hipoxia grave [13]. A ativação da via HIF-1 induzida pela hipoxia promove o desenvolvimento tumoral, apoiando várias caraterísticas associadas ao cancro, como a proliferação, a angiogénese, as metástases, a reprogramação metabólica e o stemness. Como já foi referido, o HIF-1 e as vias induzidas pela hipoxia interagem de várias formas com a via do p53. As respostas biológicas dos tumores à hipoxia são afectadas por esta interação.

4.3 PI3K/Akt/mTOR

A fosfatidilinositol-4,5-bisfosfato 3-quinase (PI3K) é activada após a estimulação de RTKs por vários mitogénios e citocinas (como PDGF, IGF, EGF, TGF, TNF-α e IL-1) ou por mutações de ganho de função na família RAS de GTPases. A proteína quinase B ou Akt (mediador elementar da cascata PI3K) pode ser fosforilada e activada pela PI3K. Como resultado, a inibição mediada por TSC1/TSC2 do alvo mamífero da rapamicina (mTOR - um efector a jusante da Akt) é aliviada, o que, por sua vez, ativa a mTOR [15]. Esta via de sinalização desempenha um papel crítico em muitas funções biológicas, como o metabolismo, a sobrevivência celular, a proliferação celular, etc. O mTOR aumenta a atividade transcricional do HIF-1, mesmo em normoxia, através de 4E-BP1 e STAT3 [16, 17]. A ativação do HIF-1 mediada pelo mTOR promove a glicólise aeróbica - uma caraterística bem conhecida das células cancerosas [18]. Assim, nas células cancerosas, quando os RTKs activam a via PI3K/Akt/mTOR, a expressão de HIF-1α é amplificada em condições de normóxia. Além disso, especula-se que o mTOR regula o HIF-1α a nível pós-tradução (proteína), mas não a nível do ARNm [19]. No entanto, também foi demonstrado que o efeito da Akt na atividade do HIF-1 é específico do tipo de célula [20]. Níveis elevados de sinalização da Akt têm um impacto mínimo na expressão dos genes-alvo do HIF-1α e apenas aumentam ligeiramente os níveis da proteína HIF-1.

Consequentemente, a Akt constitutivamente ativa é inadequada para induzir a atividade do HIF-1 por si só, e a regulação hipóxica do HIF-1α e/ou da atividade do HIF-1 pode ocorrer sem a via PI3K/Akt [21].

4.4 ERK/MAPK

As redes de sinalização da proteína quinase activada pelo mitogénio (MAPK) são activadas durante a hipoxia, como resposta biológica aos baixos níveis de oxigénio. As ROS e o aumento dos iões de cálcio são desencadeados por hipoxia prolongada e actuam como sinais para as vias p38 MAPK, extracellular signal-regulated kinase (ERK1/2) MAPK e c-Jun N-terminal kinase (JNK) MAPK [22]. Estas MAP quinases fosforilam o HIF-1α, o que torna o HIF-1 mais estável e potente durante a transcrição.

A fosforilação do HIF-1 promove a sua atividade transcricional através da via ERK1/2, enquanto os níveis da proteína HIF-1 são regulados pela via PI3K/Akt. O aumento da proteína HIF-1α pode ser dependente da PI3K mesmo no contexto da sinalização MAPK activada ou pode depender das vias de sinalização AKT e ERK1/2, dependendo do tipo de RTK que é ativado e do tipo de cancro, uma vez que os factores de crescimento e as citocinas controlam a rede de sinalização PI3K/Akt e MAPK [23].

A atividade do HIF-1 é também regulada pelo seven in absentia homolog 2 (SIAH2), que medeia a degradação da prolil hidroxilase PHD3. O SIAH2 é ativado após fosforilação pela p38 MAPK em Thr-24 e Ser-29 [24]. As proteínas fosfatases de dupla especificidade - DUSP1 e DUSP2 - inactivam a ERK/MAPK e a p38/MAPK, desfosforilando-as. A hipóxia aumenta a expressão destas fosfatases [25], o que atenua a ativação excessiva do HIF-1α por ERK/MAPK.

4.5 NF-κB

Foi demonstrado que a função PHD diminui em hipoxia, o que, por sua vez, afecta a hidroxilação de IKKβ (subunidade β da quinase IκB), para além da de HIF-1α [26]. Isto ativa a IKK quinase, que faz com que o NF-κB se torne transcritivamente ativo e induza a expressão do ARNm do HIF-1α sob hipoxia [27]. Segue-se a transcrição de vários genes pró-inflamatórios, bem como daqueles activados pela hipoxia [28]. No entanto, se tanto o NF-κB como o HIF-1 estiverem activos em simultâneo, estarão a lutar um com o outro. Isto deve-se principalmente ao facto de o coactivador p300/CBP, que é necessário para a transcrição de genes desencadeados pela hipoxia (através do HIF-1) e pela resposta imunitária (através do NF-κB), ser um cofator comum necessário para a atividade destes dois factores de transcrição [29].

O NF-κB é especificamente ativado nas primeiras horas de hipoxia aguda. Para além disso, as ROS estimulam a expressão de HIF-1 e NF-κB. Em particular, as EROs reprimem a atividade da PHD e da FIH no citoplasma [30]. Foi demonstrado que as ERO, no caso da PHD, resultam na oxidação do átomo de ferro, que é necessário para a atividade destas enzimas, uma vez que regulam a estabilidade e a função do HIF-1α [31]. Além disso, o aumento dos níveis de ROS induz os níveis do fator redox-1, que também aumenta a atividade transcricional do HIF-1. De várias formas diferentes, as ERO também estimulam o NF-κB, que, por sua vez, aumenta a expressão do ARNm do HIF-1α.

Por outro lado, a via do NF-κB pode ser inibida pela ativação do HIF-1, o que é importante para reduzir reacções inflamatórias excessivamente potentes. A cinase 1 activada pelo TGF-β (TAK1) e a CDK6 são os principais intervenientes neste processo [32]; no entanto, os mecanismos fundamentais estão fora do âmbito desta revisão. De facto, foi proposto que o NF-κB é uma das vias independentes do HIF-1 activadas sob hipoxia, o que também apoia a noção de que a hipoxia e a inflamação são interdependentes no microambiente tumoral [33].

A endonuclease-1 apurínica/apirimidínica (APEX1) é um importante regulador redox que regula o HIF-1α, o NF-κB, bem como o STAT3, controlando assim várias funções celulares fundamentais, incluindo a reparação do ADN e a angiogénese [33].

4.6 AMPK

Como detetor-chave de energia celular e serina/treonina quinase heterotrimérica, a proteína quinase activada por AMP (AMPK) controla a adaptação a baixos níveis de energia, activando processos catabólicos para repor o fornecimento de ATP celular quando o rácio AMP/ATP aumenta. A AMPK mantém normalmente os níveis de ATP nas células através da aceleração da glicólise aeróbica, do metabolismo oxidativo mitocondrial e da absorção de glicose, principalmente devido à β-oxidação dos ácidos gordos [34].

Para além desta função bem conhecida, foi demonstrado que a AMPK tem efeitos benéficos na hipoxia. Para proporcionar flexibilidade metabólica nas células cancerígenas, é necessário que vários genes sejam expressos e que numerosos oncogenes, factores de crescimento e supressores de tumores sejam estimulados ou inibidos [35]. A compreensão destas ocorrências depende da interação entre o HIF-1 e a AMPK - um importante moderador do metabolismo celular e da bioenergética.

A rápida divisão celular durante a expansão do tumor resulta frequentemente em hipoxia, défices de nutrientes e de energia, o que, por sua vez, induz a glutaminólise oxidativa e conduz à ativação da quinase hepática B1 (LKB1)/AMPK/p53, à sinalização PI3K/Akt/mTOR e à desregulação de c-Myc. Cada tipo de tumor é identificado por um perfil metabólico particular devido a períodos de alterações metabólicas e mutações oncogénicas [36]. A resposta de adaptação coordenada da sinalização HIF-1 e da sinalização AMPK parece ser mantida de forma interligada. Por exemplo, segundo os relatórios, a AMPK controla os níveis proteicos de transportadores como os transportadores ligados ao sódio e à glucose (SGLT) e os transportadores de glucose de difusão facilitada (GLUT), que são alvos do HIF-1 a nível transcricional, protegendo assim as células dos danos induzidos pela hipoxia.

O HIF-1 desempenha um papel crucial para garantir a sobrevivência do tumor e o início do efeito Warburg, enquanto o papel da AMPK nos tumores não é muito claro. Embora se acredite que a AMPK seja anti-carcinogénica [37], foi demonstrado que induz a transcloção nuclear de HIF-1α [38]. Acredita-se que os efeitos protectores da AMPK existem em grande parte em condições de hipoxia e propõe-se que um esforço coordenado da AMPK com o HIF-1 garantiria a adaptabilidade celular em condições de hipoxia. Para garantir a sobrevivência celular antes que a adaptação mais duradoura mediada pelo HIF-1 se torne efectiva, acredita-se que a AMPK altere o metabolismo celular logo após o início da hipoxia [34].

4.7 WNT/ β-catenina

A via WNT é uma via de sinalização bem conservada envolvida em várias respostas celulares, incluindo a migração celular, a polaridade celular, a proliferação celular e a morte [39]. A 3-catenina/fator de células (TCF)/factores de reforço linfoide (LEF) são cruciais para a execução da sinalização WNT ao nível da expressão genética [40]. Na presença de ligandos WNT, a β-catenina liga-se ao Frizzled (FZL) e à proteína relacionada com o recetor LDL (LRP), impedindo assim a formação do complexo de destruição (que inclui AXIN, APC, CK1 e GSK3 β) e a degradação proteossómica da β-catenina. Como resultado, a β-catenina transloca-se para o núcleo e interage com o complexo TCF/LEF. Isto resulta na regulação positiva da expressão do gene alvo da β-catenina [41].

Quando a via WNT é activada, o efeito Warburg - geralmente referido como glicólise aeróbica, um processo de reprogramação metabólica - desenvolve-se nos tumores. Isto resulta na produção excessiva de lactato, que provoca várias modificações no microambiente do cancro e conduz ao crescimento do tumor em condições de normóxia [42]. O aumento do lactato em condições de normoxia estimula a expressão de HIF- 1α de uma forma com feedback positivo [43]. Isto resulta no aumento da expressão de VEGF, um indutor crucial da angiogénese que suporta o crescimento do tumor [42].

Vários genes alvo da WNT estão envolvidos na iniciação, desenvolvimento, progressão e resistência à terapêutica do cancro e são estimulados por uma sinalização WNT aberrante em muitos cancros. Alguns destes oncogenes são o c-Myc, a ciclina Di e o HIF-1α, bem como os envolvidos na inflamação crónica e na produção de ROS. A via WNT também ativa PI3K/Akt/mTOR através da ativação de RTK mediada por β-catenina, que pode ativar HIF-iα sem hipoxia [42].

4.8 entalhe

A sinalização Notch é um sistema de comunicação célula-célula que funciona numa variedade de tipos de células em diferentes fases de desenvolvimento, de modo a controlar o destino das células vizinhas. A proteína do recetor Notch é sintetizada no retículo endoplasmático e transportada para a membrana plasmática. A ligação do recetor Notch (um recetor transmembranar) a um ligando transmembranar (como o Jagged ou o tipo Delta) numa célula vizinha leva à clivagem proteolítica do recetor por duas proteases, nomeadamente a ADAM metaloprotease e a γ-secretase. Isto liberta o domínio intracelular Notch (Notch ICD), que se transloca para o núcleo da célula para regular a transcrição dos genes a jusante. A sinalização Notch regula vários passos críticos na organogénese, incluindo a neurogénese, a vasculogénese, a miogénese e a hematopoiese, durante o desenvolvimento dos mamíferos. Além disso, a via Notch está ligada ao controlo do crescimento e da morte celular [44]. Esta via parece ser uma via comum para a transição epitelial-mesenquimal (EMT), que é induzida por uma variedade de estímulos do microambiente tumoral, incluindo a hipoxia. Foi estabelecido que o HIF-iα ativado por hipoxia promove a EMT em vários tipos de células cancerosas através da via de sinalização Notch [45]. Para além de influenciar os fenótipos das células estaminais durante a embriogénese, o HIF-1 ativado por hipoxia tem também um papel ativo na atribuição do fenótipo de células estaminais às células cancerosas [46]. Do mesmo modo, está provado que o sistema de sinalização Notch é vital para manter as células estaminais e controlar o destino das células ao longo do desenvolvimento e durante a progressão do cancro sob hipoxia. No contexto do cancro, a sobreexpressão dos genes-alvo Notch em condições de hipoxia é mediada pela interação entre Notch e HIF-1α [47].

4.9 TGF-β

A ligação do TGF-β aos seus receptores cognatos, nomeadamente o TGFR1 e o TGFR2, leva à ativação do SMAD2 e do SMAD3 através da sua fosforilação direta. SMAD2 e SMAD3 formam um trímero com SMAD4. Este complexo é translocado para o núcleo de modo a aumentar a expressão de factores de transcrição que pertencem às famílias Snail, ZEB e bHLH. Estes factores de transcrição, por sua vez, conduzem à EMT através da repressão de genes marcadores epiteliais e da ativação de genes associados ao fenótipo mesenquimal. Assim, o complexo SMAD é capaz de aumentar a EMT através do aumento da atividade destes factores de transcrição específicos que regulam o processo [48]. O TGF-β é conhecido canonicamente por ter efeitos antiproliferativos, mas em muitos tumores em fase avançada, a sinalização do TGF-β é redireccionada para longe dos efeitos antiproliferativos, uma vez que ativa a EMT [49]. Alegadamente, o TGF-β também aumenta a estabilidade e a meia-vida do HIF-1α através da inibição dos níveis de expressão de PHD via proteínas Smad [50]. Induz o splicing alternativo de hMENA - uma proteína de remodelação do citoesqueleto que actua durante a EMT em células de cancro da mama hipóxicas de uma forma dependente de HIF-1α [51].

Referências

1. Bretones G, Delgado MD, León J. Myc e Controlo do Ciclo Celular. *Biochim Biophys Ata Gene RegulMech* 1849 (5), 506-516 (2015).
2. Baudino TA, Cleveland JL. The Max Network Gone Mad. *Mol. Cell. Biol.* 21 (3), 691-702 (2001).
3. Farrell AS, Sears RC. Degradação de MYC. *Cold Spring Harb. Perspect.* 4 (3), a014365-a014365 (2014).
4. Chen Y, Sun X-X, Sears RC, Dai M-S. Escrever e apagar a ubiquitinação e a SUMOilação do MYC. *Genes Dis.* 6 (4), 359-371 (2019).
5. Dang CV. C-Myc Target Genes Involved in Cell Growth, Apoptosis, and Metabolism. *Mol. Cell. Biol.* 19 (1), 1-11 (1999).
6. Zhang H, Gao P, Fukuda R, *et al.* HIF-1 Inhibits Mitochondrial Biogenesis

and Cellular Respiration in VHL-Deficient Renal Cell Carcinoma by Repression of C-MYC Activity. *Cancer Cell* 11 (5), 407420 (2007).

7. Li Y, Sun XX, Qian DZ, Dai MS. A interação molecular entre MYC e HIF no cancro. *Front. Desenvolvimento celular. Biol.* 8, 590576 (2020).
8. Patten DA, Lafleur VN, Robitaille G, *et al.* Hypoxia-Inducible Fator-1 Activation in Nonhypoxic Conditions: The Essential Role of Mitochondrial-Derived Reactive Oxygen Species. *Mol. Biol. Cell* 21 (18), 3247-3257 (2010).
9. Tu WB, Helander S, Pilstal R, *et al.* Myc and Its Interactors Take Shape. *Biochim. Biophys. Ata Gene Regul. Mechan.* 1849 (5), 469-483 (2015).
10. Mongiardi MP, Savino M, Falchetti ML, *et al.* A inibição de C-MYC prejudica a resposta à hipóxia no glioblastoma multiforme. *Oncotarget* 7 (22), 33257-33271 (2016).
11. Zhao Y, Yu H, Hu W. A Regulação do Oncogene MDM2 e o seu Impacto nos Cancros Humanos. *Ata Biochim. Biophys. Sin.* 46 (3), 180189 (2014).
12. Chen D, Li M, Luo J, Gu W. Interações diretas entre HIF-1α e Mdm2 modulam a função P53. *J. Biol. Chem.* 278 (16), 13595-13598 (2003).
13. Lee JW, Ko J, Ju C, Eltzschig HK. Hypoxia Signaling in Human Diseases and Therapeutic Targets (Sinalização da Hipóxia em Doenças Humanas e Alvos Terapêuticos). *Exp. Mol. Med.* 51 (6), 1-13 (2019).
14. Joshi S, Singh AR, Durden DL. MDM2 Regulates Hypoxic HypoxiaInducible Fator 1α Stability in an E3 Ligase, Proteasome, and PTEN- Phosphatidylinositol 3-Kinase-AKT-Dependent Manner. *J. Biol. Chem.* 289 (33), 22785-22797 (2014).
15. Locasale JW, Cantley LC, Heiden MGV. Cancer's Insatiable Appetite" (O Apetite Insaciável do Cancro). *Nat. Biotech.* 27 (10), 916-917 (2009).
16. Singh-Gupta V, Zhang H, Banerjee S, *et al.* A via de sobrevivência celular HIF-1alpha induzida pela radiação é inibida por isoflavonas de soja em células de cancro da próstata. *Int. J. Cancer* 124(7), 1675-1684 (2009).
17. Jung JE, Lee H, Cho I, *et al.* STAT3 Is a Potential Modulator of HIF-1-mediated VEGF Expression in Human Renal Carcinoma Cells. *FASEB J.* 19 (10), 1296-1298 (2005).
18. Sun Q, Chen X, Ma J, *et al.* sMammalian target of rapamycin upregulation

of pyruvate kinase isoenzyme type M2 is critical for aerobic glycolysis and tumor growth. *Proc. Natl. Acad. Sci. USA. 108,* 41294134 (2011).

19. Zhang H, Qian DZ, Tan YS, *et al.* Digoxina e outros glicosídeos cardíacos inibem a síntese de HIF-1α e bloqueiam o crescimento tumoral. *Proc. Natl. Acad. Sci. USA.* 105 (50), 19579-19586 (2008).

20. Stegeman H, Span PN, Peeters WJ, *et al.* Interação entre Hipóxia, AKT e Sinalização HIF-1 em HNSCC e NSCLC: Implicações para futuras estratégias de tratamento. *Future Science OA* 2 (1) (2016).

21. Arsham AM, Plas DR, Thompson CB, Simon MC. Phosphatidylinositol 3-Kinase/Akt Signaling Is Neither Required for Hypoxic Stabilization of HIF-1α nor Sufficient for HIF-1-Dependent Target Gene Transcription. *J. Biol. Chem.* 277 (17), 15162-15170 (2002).

22. Salnikow K, Kluz T, Costa M, *et al.* The Regulation of Hypoxic Genes by Calcium Involves C-Jun/AP-1, Which Cooperates with HypoxiaInducible Fator 1 in Response to Hypoxia. *Mol. Cell. Biol.* 22 (6), 17341741 (2002).

23. Laughner E, Taghavi P, Chiles K, Mahon PC, Semenza GL. A sinalização HER2 (Neu) aumenta a taxa de síntese do fator induzível por hipóxia 1α (HIF-1a): Novo Mecanismo para a Expressão do Fator de Crescimento Endotelial Vascular Mediado por HIF-1. *Mol. Cell. Biol.* 21 (12), 3995-4004 (2001).

24. Khurana A, Nakayama K, Williams S, Davis RJ, Mustelin T, Ronai Z. Regulação da ligase Siah2 do dedo anelar E3 por P38 MAPK. *J. Biol. Chem.* 281 (46), 35316-35326 (2006).

25. Liu C, Shi Y, Du Y, *et al.* Dual-Specificity Phosphatase DUSP1 Protects Overactivation of Hypoxia-Inducible Fator 1 through Inactivating ERK MAPK. *Exp. Cell Res.* 309 (2), 410-418 (2005).

26. Fitzpatrick SF, Fábián Z, Schaible B, *et al.* Prolyl Hydroxylase-1 Regulates Hepatocyte Apoptosis in an NF-KB-Dependent Manner. *Biochem. Biophys. Res. Commun. 474* (3), 579-586 (2016).

27. Rius J, Guma M, Schachtrup C, *et al.* O NF-κB liga a imunidade inata à resposta hipóxica através da regulação transcricional do HIF-1α. *Nature* 453 (7196), 807-811 (2008).

28. Han S, Xu W, Wang Z, *et al.* Crosstalk entre as vias HIF-1 e Toll-like

Recetor / Fator Nuclear-κB no Microambiente de Carcinoma de Células Escamosas Oral. *Oncotarget* 7 (25), 37773-37789 (2016).
29. Mendonça DBS, Mendonça G, Aragão FJL, Cooper LF. O NF-κB suprime a resposta do HIF-1α competindo pela ligação ao P300. *Biochem. Biophys. Res. Commun.* 404 (4), 997-1003 (2011).
30. Kohl R, Zhou J, Brüne B. Espécies reativas de oxigênio atenuam a estabilização do fator induzível por hipóxia mediada por óxido nítrico-ю. *Radicais livres. Biol. Med.* 40 (8), 1430-1442 (2006).
31. Masson N, Singleton RS, Sekirnik R, *et al.* A FIH Hydroxylase é um sensor de peróxido celular que modula a atividade transcricional do HIF. *Relatórios EMBO* 13 (3), 251-257 (2012).
32. Bandarra D, Biddlestone J, Mudie S, Muller HA, Rocha S. HIF-ю restringe a expressão gênica dependente de NF-κB para controlar os sinais de imunidade inata. *Dis. Model. Mech.* 8(2), 169-181 (2015).
33. Ullah A, Leong SW, Wang J, *et al.* A cefalomanina inibe a função celular induzida por hipóxia através da supressão da interação APEX1 / HIF-1a no câncer de pulmão. *Cell Death Dis.* 12 (5), 490 (2021).
34. Jia D, Park J, Jung K, Levine H, Kaipparettu B. Elucidating the Metabolic Plasticity of Cancer: Reprogramação mitocondrial e estados metabólicos híbridos. *Células* 7 (3), 21 (2018).
35. Mihaylova MM, Shaw RJ. A via de sinalização da AMPK coordena o crescimento celular, a autofagia e o metabolismo. *Nature Cell Biol.* 13 (9), 10161023 (2011).
36. Gasparre G, Porcelli AM, Lenaz G, Romeo G. Relevance of Mitochondrial Genetics and Metabolism in Cancer Development. *Cold Spring Harb. Perspect. Biol.* 5 (2), a011411-a011411 (2013).
37. Zadra G, Batista JL, Loda M. Dissecando o duplo papel da AMPK no cancro: From Experimental to Human Studies. *Mol. Cancer Res.* 13 (7), 1059-1072 (2015).
38. Salminen A, Kaarniranta K, Kauppinen A. AMPK and HIF Signaling Pathways Regulate Both Longevity and Cancer Growth: As Boas e as Más Notícias sobre os Mecanismos de Sobrevivência. *Biogerontologia* 17 (4), 655-680 (2016).

39. Loh KM, van Amerongen R, Nusse R. Generating Cellular Diversity and Spatial Form: Wnt Signaling and the Evolution of Multicellular Animals. *Dev. Cell* 38 (6), 643-655 (2016).
40. MacDonald BT, He X. Frizzled and LRP5/6 Receptors for Wnt/ -Catenin Signaling. *Cold Spring Harb. Perspect. Biol.* 4 (12), a007880-a007880 (2012).
41. Angers S, Moon RT. Proximal Events in Wnt Signal Transduction (Eventos Proximais na Transdução do Sinal Wnt). *Nat. Rev. Mol. Cell Biol.* 10 (7), 468-477 (2009).
42. Vallée A, Lecarpentier Y, Vallée J-N. O papel fundamental da via WNT/β-Catenina na reprogramação metabólica em cânceres em condições normóxicas. *Cânceres* 13 (21), 5557 (2021).
43. Semenza GL. HIF-1 Mediates Metabolic Responses to Intratumoral Hypoxia and Oncogenic Mutations. *J. Clin. Investig.* 123 (9), 3664-3671 (2013).
44. Siebel C, Lendahl U. Notch Signaling in Development, Tissue Homeostasis, and Disease. *Physiol. Rev.* 97 (4), 1235-1294 (2017).
45. Sahlgren C, Gustafsson MV, Jin S, Poellinger L, Lendahl U. Notch Signalling Mediates Hypoxia-Induced Tumor Cell Migration and Invasion. *Proc. Natl. Acad. Sci. USA.* 105 (17), 6392-6397 (2008).
46. Mazumdar J, Dondeti V, Simon MC. Hypoxia-inducible Factors in Stem Cells and Cancer (Factores induzidos pela hipóxia nas células estaminais e no cancro). *J. Cell. Mol. Med.* 13 (11-12), 4319-4328 (2009).
47. Gustafsson MV, Zheng X, Pereira T, *et al.* Hypoxia Requires Notch Signaling to Maintain the Undifferentiated Cell State. *Dev. Cell* 9 (5), 617-628 (2005).
48. Tirpe AA, Gulei D, Ciortea SM, Crivii C, Berindan-Neagoe I. Hypoxia: Overview on Hypoxia-Mediated Mechanisms with a Focus on the Role of HIF Genes (Hipóxia: Visão geral dos mecanismos mediados pela hipóxia com ênfase no papel dos genes HIF). *Int. J. Mol. Sci.* 20 (24), 6140 (2019).
49. Xu J, Lamouille S, Derynck R. TGF-β-Induced Epithelial to Mesenchymal Transition. *Cell Res.* 19(2), 156-172 (2009).

50. McMahon S, Charbonneau M, Grandmont S, Richard DE, Dubois CM. Transforming Growth Fator B1 Induces Hypoxia-Inducible Fator-1 Stabilization through Selective Inhibition of PHD2 Expression. *J. Biol. Chem.* 281 (34), 24171-24181 (2006).
51. Ahuja N, Ashok C, Natua S, *et al.* O eixo TGF-β-RBFOX2- ESRP1 induzido por hipóxia regula o splicing alternativo MENA humano e promove a EMT no câncer de mama. *NAR Cancer* 2 (3) (2020).

Capítulo 5: Papel do HIF-1 em vários cancros

O fator-1 induzido pela hipóxia (HIF-1) é o principal regulador da resposta celular à hipóxia no microambiente tumoral. Os níveis da proteína HIF-1α são regulados de forma rigorosa através da sua estabilização ou degradação [1]. A atividade das prolil hidroxilases (PHDs) é suprimida em ambientes hipóxicos. Isto leva à acumulação de HIF-1α, dimerização com HIF-1α e ativação da transcrição de centenas de genes [2].

Os tumores sólidos têm uma elevada taxa de proliferação de células cancerígenas, o que faz com que exijam mais oxigénio e nutrientes do que os tecidos saudáveis [3]. É bem sabido que a baixa tensão de oxigénio no tecido tumoral sólido faz com que a via HIF-1 seja aberrantemente activada, o que, por conseguinte, incentiva a angiogénese e o crescimento do tumor. A progressão do cancro, a recidiva e as alterações metabólicas têm sido associadas à hipóxia. No caso dos tumores sólidos, a sobreexpressão de HIF-1α está frequentemente associada a radio-resistência e quimioresistência, aumento da invasão e metástases e mau prognóstico. Este capítulo descreve o papel do HIF-1 em vários tipos de tumores sólidos.

5.1 Glioblastoma multiforme (GBM)

O glioblastoma multiforme (GBM) é o tipo de cancro mais agressivo do sistema nervoso central. O tratamento atual envolve cirurgia seguida de radioterapia e quimioterapia com temozolomida (TMZ). No entanto, as taxas de resposta a esta terapêutica são baixas. O GBM é um dos tipos de cancro mais pobres do ponto de vista imunológico. Embora isto possa ser atribuído em grande parte à presença da barreira hemato-encefálica, a hipóxia é também um fator crítico que conduz a um microambiente imunossupressor no GBM [5]. As células GBM apresentam os níveis mais elevados da proteína HIF-1α entre todas as neoplasias cerebrais. Estas células expressam HIF-1α em condições normais de oxigénio, o que demonstrou estar correlacionado com o grau do tumor. Por conseguinte, o exame imuno-histoquímico de amostras tumorais para deteção da expressão de HIF-ıα pode ter valor prognóstico e ajudar a identificar subpopulações de doentes com um fenótipo mais agressivo [6]. No glioblastoma, a atividade do HIF-1 é regulada não só pelos níveis de oxigénio, mas também por várias vias de sinalização desreguladas, como a PI3K/Akt [7]. Reciprocamente, o HIF-1 ativa múltiplas vias de sinalização de modo a facilitar a angiogénese, a migração celular, o microambiente tumoral imunossupressor, a reprogramação metabólica, a resistência a vários tipos de terapia e a desdiferenciação/fenótipo semelhante ao das células estaminais [5, 7, 8]. Além disso, no GBM, a mutação no gene IDH1 resulta na produção de um oncometabolito (D)2-Hidroxiglutarato (D2HG). O D2HG estabiliza o HIF-1α, o que leva à sua acumulação [9]. No glioma, verificou-se que a sobreexpressão de GLUT1 e GLUT3 está correlacionada com o aumento da atividade do HIF-1 [10].

Em vários tipos de cancro, como o glioma, o cancro da próstata, o cancro do cólon e o cancro da mama, observa-se geralmente uma ativação constitutiva da sinalização PI3K/mTOR devido à sinalização autócrina e/ou à hiperactivação/sobreexpressão do recetor tirosina quinase (RTK). Em todos estes casos, o aumento da expressão de HIF-1α provoca a expressão de genes alvo a jusante. Estes incluem o VEGF, os transportadores de glucose (GLUT), o IGF2, etc. Por conseguinte, os inibidores das proteínas de sinalização, como o mTOR (rapamicina) ou o RAS (inibidores da farnesiltransferase), ou certos RTK, como o HER2 (Herceptin), podem inibir indiretamente a atividade do HIF-1, afectando assim a angiogénese e o metabolismo alterado. Assim, a sua atividade inibidora do HIF-1 contribui certamente para a eficácia destes medicamentos [11, 12].

5.2 HIF-1 e cancro da próstata

O cancro da próstata é a segunda neoplasia mais comum. É a segunda principal causa de mortalidade relacionada com o cancro nos homens em todo o mundo [13]. A doença localizada de baixo grau é tratada com cirurgia ou radiação e terapia hormonal adjuvante (supressão de androgénios). No entanto, a maioria destes doentes apresenta recidiva da doença com tumores resistentes ao tratamento hormonal adicional.

A quimioterapia com o medicamento padrão docetaxel é a abordagem mais utilizada para tratar esta doença metastática avançada, mas o seu benefício terapêutico é frequentemente limitado devido à falta de especificidade e à toxicidade [14]. Os inibidores do ponto de controlo imunitário utilizados isoladamente ou em combinação com outros medicamentos mostraram respostas limitadas apenas num subconjunto de doentes com doença metastática [15]. A primeira vacina aprovada em 2010, o sipuleucel-T, foi apenas parcialmente bem sucedida na melhoria da evolução da doença em doentes com doença avançada [16].

Devido à elevada taxa de proliferação celular e à vasculatura tumoral anormal, o cancro da próstata resulta num ambiente hipóxico. No cancro da próstata, verifica-se um aumento da síntese da proteína HIF-1α juntamente com uma diminuição da sua taxa de degradação [17]. O HIF-1 está associado ao fenótipo agressivo da doença no caso do cancro da próstata. Induz a expressão de genes que se sabe estarem envolvidos em metástases ósseas [18, 19].

As mutações e/ou a perda do gene supressor de tumores PTEN no cancro da próstata estão frequentemente associadas ao aumento da síntese da proteína HIF-1α através do aumento da sinalização a jusante via Akt [20]. A expressão de HIF-1α também pode ser activada independentemente da hipoxia por oncogenes, factores de crescimento e espécies reactivas [21]. Sob hipoxia, o HIF-1 ajuda na ativação de outras vias, como as vias de sinalização PI3K/Akt, Wnt/3-Catenina e Hedgehog, promovendo assim a sobrevivência das células do cancro da próstata, a resposta anti-apoptótica, a EMT e as metástases [22]. Demonstrou-se que o HIF-1α, juntamente com a β-Catenina, está associado à progressão da doença através da ativação do recetor de androgénios em condições de baixo nível de androgénios, de modo a manter o crescimento e a sobrevivência das células cancerígenas da próstata [23].

A via de sinalização HIF-1 foi utilizada para identificar o subconjunto de doentes susceptíveis de responder à imunoterapia/quimioterapia. Estes subgrupos foram designados por HIF1-H (elevado), HIF1 M e HIF1 L, que são os três subtipos de CaP que podem ser identificados. Observou-se que muitas das vias oncogénicas e de resposta imunitária estavam hiperactivadas no caso do HIF-1-H. Contra-intuitivamente, verificou-se que este subtipo apresentava uma maior infiltração de células imunitárias e um melhor prognóstico de sobrevivência, tendo sido também identificado como um subtipo com maior probabilidade de responder à imunoterapia [24]. Foi anteriormente proposto que uma resposta imunitária hiperactivada, que é activada pela via do HIF-1, desempenha um papel na carcinogénese [25]. Isto pode dever-se ao facto de vários tipos de células do sistema imunitário inato e adaptativo, como os macrófagos, os neutrófilos e as células T, dependerem da atividade do HIF-1 para a sua ativação e funcionamento [26, 27]. O HIF-1 é também essencial para a regulação da atividade das células T efectoras no microambiente tumoral [28].

5.3 Implicações do HIF-1 no cancro da mama

O cancro da mama é o cancro mais comum nas mulheres. É uma das principais causas de morte associada ao cancro nas mulheres em todo o mundo. Trata-se de uma doença heterogénea, delineada pela expressão do recetor de estrogénio (ER), do recetor de progesterona (PR) e do recetor 2 do fator de crescimento epidérmico humano (HER2). Com base na expressão destes receptores, os cancros da mama são agrupados nos subtipos luminal, HER2-positivo e triplo-negativo (TNBC). Esta classificação ajuda a prever a resposta a terapias específicas, como a terapia hormonal e a terapia anti-HER2 [29]. Apesar disso, 90% das mortes são devidas a metástases extensas. Isto implica que estes doentes respondem mal às modalidades terapêuticas actuais [30].

A ativação do HIF-1 é observada em todos os subtipos de cancro da mama [31]. A sobreexpressão de HIF-1α ou HIF-2a está correlacionada com a ocorrência de metástases e uma sobrevivência reduzida [32]. O HIF-1 induz metástases ao mediar a sinalização recíproca entre as células do cancro da mama e as células estaminais mesenquimatosas no microambiente tumoral. Também induz um fenótipo semelhante ao das células estaminais numa subpopulação de cancros da mama [33]. A expressão de HIF-1 nos cancros da mama primários influencia a formação de nichos pré-metastáticos antes da metástase, regulando a expressão da lisil oxidase (LOX) [34] e aumentando a interação entre os receptores de quimiocinas nas células do cancro da mama e os seus ligandos nos órgãos-alvo [30]. Foi demonstrado que o HIF-1 aumenta as metástases cerebrais dos tumores da mama e também aumenta a sobrevivência das células tumorais em circulação [35]. Promove igualmente a motilidade celular através da indução da expressão da proteína quinase 1 (ROCK1) associada a rho e contendo bobina enrolada e da atividade da quinase de adesão focal (FAK) nos cancros da mama [36].

Curiosamente, a via HIF-1 é hiperativada em TNBCs em relação a outros subtipos. Foi proposto por Xu et al., (2019) que, como a via HIF-1 é ativada diferencialmente em diferentes subtipos de câncer de mama, é possível que os níveis de HIF-1 sejam regulados de maneira independente de oxigênio em TNBCs [37]. Ao alterar as quantidades de alfa-cetoglutarato e succinato, demonstrou-se que a prolil 4 hidroxilase 1 (P4H1) estimula a expressão de HIF-1 a nível proteico no TNBC. Curiosamente, verificou-se que o TNBC é sensível a tratamentos quimioterapêuticos tanto in vitro como in vivo quando a atividade da P4HA1 é silenciada ou inibida. Assim, foi demonstrado que o P4HA1 confere um fenótipo de células estaminais e medeia a quimiorresistência através da indução da expressão de HIF-1 em células de cancro da mama. Mais tarde, o Zinc Fingers and Homeoboxes 2 *(ZHX2)* foi identificado como um novo oncogene no TNBC, onde ativa a sinalização HIF1α para promover a carcinogénese [38].

5.4 Cancro do pulmão

O cancro do pulmão é o cancro mais comum em todo o mundo. É a principal causa de morte por cancro nos homens e a segunda principal causa nas mulheres [39]. O adenocarcinoma, o tipo histológico mais prevalente, é responsável por cerca de metade de todas as mortes relacionadas com o cancro a nível mundial, sendo o cancro do pulmão o mais comum entre estas mortes [40]. O principal fator de risco para o cancro do pulmão é o tabagismo. O carcinoma de células pequenas (SCLC) e o carcinoma de células não pequenas (NSCLC) são os dois principais subtipos. O prognóstico e as opções de tratamento são efectuados com base nestas categorias [41]. Níveis elevados de HIF-1 estão associados a um mau prognóstico, a um carácter maligno e à resistência à quimioterapia e à radioterapia em doentes com cancro do pulmão [42]. Em particular, verifica-se que o HIF-1α está sobre-expresso no carcinoma de células escamosas em comparação com as células de adenocarcinoma. A expressão de HIF-1α está associada a tumores metastáticos em estado avançado [43]. Além disso, a sua expressão está intimamente relacionada com a da proteína anti-apoptótica Bcl-2 [44]. O aumento da atividade do HIF-1 leva à expressão de outros oncogenes, como o VEGF, Myc e survivin no CPNPC [45, 46]. No CPNPC, foi observada uma correlação significativa entre a expressão do marcador do ponto de controlo imunitário ligando a morte programada 1 (PD-L1) e o HIF-1α [43, 47]. O aumento da expressão do HIF-1α é conseguido através de vários mecanismos, como a hiperactivação da via de sinalização PI3K/Akt ou o aumento da expressão da isocitrato desidrogenase 2 nas células cancerosas do pulmão [48]. Foi demonstrado que o HIF-1 induz a resistência aos medicamentos nas células A549 NSCLC através do aumento da expressão da anidrase carbónica I [49].

A fosfoproteína estimulada por vasodilatadores (VSAP) promove o alongamento dos microfilamentos através da montagem de monómeros de actina e contribui para a remodelação do citoesqueleto, o que leva à adesão e ao movimento das células. O fator de necrose tumoral alfa (TNF-α) reduziu a expressão da VASP ao induzir a expressão de HIF-1α. Este facto levou à inibição da proliferação e da adesão das células do adenocarcinoma do pulmão A549 [50].

A chaperona molecular conhecida como proteína de choque térmico 90 (HSP90) deve ligar-se ao HIF-1α para o estabilizar antes da dimerização com o HIF-1α e da acumulação intracelular de HIF-1α, que desencadeia a expressão de numerosas proteínas codificadas por genes [51]. A atividade ATPase da HSP90 desempenha um papel protetor na prevenção da degradação proteasomal do HIF-1, que está relacionada com a estabilização do HIF-1 [52]. Por conseguinte, a atividade do HIF-1 é influenciada pela expressão da Hsp90 [53]. Num dos estudos de investigação sobre o 6-gingerol contra o cancro do pulmão, demonstrou-se que o 6-gingerol induzia a morte celular ao diminuir os níveis de expressão citosólica de HIF-1 e HSP90 em normoxia e hipoxia induzida por $CoCl_2$ em linhas celulares de cancro do pulmão [54].

A proteína endonuclease-1 apurínica/apirimidínica (APEX1) regula a atividade de vários factores de transcrição. Assim, controla várias caraterísticas dos tumores, como o crescimento, a resposta ao stress (como os danos no ADN), etc. A APEX1 está sobreexpressa nas células do cancro do pulmão. Por conseguinte, é um biomarcador útil. Foi demonstrado que a cefalomanina inibe a resposta celular induzida pela hipoxia através da inibição da ativação do HIF-1 mediada pela APEX1 no cancro do pulmão [55].

O efeito Warburg ajuda as células cancerosas a modificar o seu microambiente, o que, por sua vez, reforça o comportamento maligno do CPNPC. A transformação e a progressão do CPNPC envolvem numerosas alterações genéticas e epigenéticas complexas [56]. Os RNAs longos não codificantes (lncRNAs) estão implicados em várias doenças malignas com uma variedade de funções [57]. Os LncRNAs têm um tamanho inferior a 200 nucleótidos e têm pouca ou nenhuma capacidade de codificar proteínas [57]. A partir de agora, evidências crescentes apontam para o papel crucial que vários lncRNAs desempenham no desenvolvimento da reprogramação metabólica de tumores sólidos [58, 59]. Um estudo utilizou o RNA-seq para encontrar LncRNAs ligados à glicólise em amostras de tumores NSCLC que apresentam uma elevada absorção de 18F-fluorodeoxiglucose (FDG) em comparação com os tecidos pulmonares saudáveis circundantes [60]. Verificou-se que o AC020978 se encontra entre os LncRNAs mais regulados positivamente de acordo com a análise RNA-seq. Os doentes com NSCLC têm um mau prognóstico quando o AC020978 está regulado positivamente [61]. Foi demonstrado o seu papel oncogénico no aumento da proliferação e da glicólise. O AC020978 é diretamente transactivado pelo HIF-1 e é induzido por hipoxia e privação de glucose.

Mecanicamente, a PKM2 é uma enzima limitadora de taxa crucial que catalisa a conversão de fosfoenolpiruvato (PEP) e ADP em ácido pirúvico e produz ATP na fase final da glicólise. A expressão aberrante de PKM2 é comum em várias doenças malignas, incluindo o cancro do pulmão [61]. A PKM2 liga-se diretamente ao AC020978. Para além de estimular a translocação nuclear da PKM2 e de a estabilizar contra a degradação por ubiquitinação, o AC020978 também aumentou a atividade transcricional do HIF-1 induzida pela PKM2. O ciclo de feedback positivo AC020978/PKM2/HIF-1 provoca uma reação em cascata na glicólise aeróbica e no crescimento do cancro, tornando-o um alvo potencial para o CPNPC [62].

5.5 Cancro do cólon

O cancro do cólon é o terceiro cancro mais comum no mundo [63, 64]. É uma das principais causas de morte relacionadas com o cancro [65, 66]. Embora os métodos diagnósticos e terapêuticos tenham melhorado, o cancro do cólon continua a estar entre as principais causas de morte relacionadas com o cancro a nível mundial [67]. As doenças metastáticas são responsáveis pela maioria destas mortes [68]. Por conseguinte, é extremamente importante, do ponto de vista clínico, compreender melhor os fundamentos moleculares e celulares das metástases [69]. Cada vez mais provas apontam para o envolvimento de numerosas alterações da expressão molecular que actuam através da sinalização HIF-1 e estão implicadas na metástase do cancro do cólon [70, 71]. Um membro da família PIEZO, que inclui Piezo1 e Piezo2, Piezo1 é frequentemente referido como FAM38A [72]. A proteína Piezo1 foi sugerida pela primeira vez como fazendo parte de um canal catiónico ativado mecanicamente por Coste et al., que detecta diretamente as tensões mecânicas e as converte em respostas intracelulares de Ca^{2+} [73]. HIF-1, um fator sensível ao Ca^{2+}, estimula a transição epitelial-mesenquimal (EMT) controlando diretamente a expressão de Twist [74].

Os tecidos do cancro do cólon sobreexpressam Piezo1 em relação aos tecidos normais vizinhos [75]. Foi estabelecido que Yoda1 é um ativador para desencadear o canal iónico Piezo1 em várias células e tecidos [76]. Yoda1 aumentou significativamente a expressão de HIF-1 em células de cancro do cólon, enquanto a silenciação de Piezo1 diminuiu significativamente a expressão de HIF-1. Além disso, a sobreexpressão de Piezo1 ajudou significativamente o movimento das células do cancro do cólon. No entanto, as linhas celulares de cancro do cólon HCT-116 e SW-480 com Piezo1 sobreexpresso e HIF-1 eliminado apresentaram uma diminuição significativa da migração celular e da expressão de VEGF. Os resultados sugerem coletivamente que o HIF-1 pode ser um alvo a jusante do Piezoi que medeia a migração celular independente do Piezoi [75].

No HCT116, o fator de crescimento semelhante à insulina-1 (IGF-1) aumenta a síntese de HIF-ia, que regula o efeito Warburg e a expressão de VEGF. Reciprocamente, o efeito Warburg leva à sobreexpressão de HIF-1α no CRC [77]. Foi demonstrado que um alcaloide worenine inibe o efeito de Warburg ao visar o HIF-1α em células de carcinoma do cólon [78].

Em resposta à hipoxia, o HIF-1 induziu alterações no metabolismo dos ácidos gordos. Aumenta a absorção de ácidos gordos e o armazenamento de lípidos e desregula a degradação dos lípidos. Deste modo, aumenta a proliferação e a migração das células cancerosas. Estes processos são também regulados pela proteína de ligação aos ácidos gordos 5 (FABP5), que se encontra sobreexpressa no cancro do cólon. Foi demonstrado que a FABP5 regula a atividade do HIF-1 através da manutenção dos níveis da proteína HIF-1α em condições de hipoxia [79].

O miR-338-5p sensibiliza as células CRC para o tratamento com fármacos sob hipoxia e aumenta a apoptose. A hipóxia induz a resistência aos fármacos no CRC através da IL-6. A IL-6 é o alvo direto do miR-338-5p. A inibição do miR-338-5p activou o STAT3 para regular positivamente os níveis de HIF-1α, restaurando a sinalização da IL-6 [37].

O circRNA_100859 foi significativamente sobreexpresso em tecidos de cancro do cólon. Este miR-127 é um esponja que, de outro modo, inibe a tradução do ARNm do HIF-1α [70].

As anexinas são uma família de proteínas dependentes do cálcio que participam em várias respostas das células cancerosas, como a sobrevivência, a morte e a migração. A expressão de ANXA3 está aumentada de forma dependente de HIF-1α no cancro do cólon em resposta à hipoxia. Foi demonstrado que está associada ao aumento do crescimento tumoral [80]. Foi demonstrado que a expressão de HIF-1α e ANXA3 está correlacionada com a expressão de CD133 - um marcador de células estaminais do cancro do cólon - em amostras de CRC [81].

A expressão da proteína quinase 5 relacionada com a AMPK (ARK5) é regulada positivamente pelo HIF-1 em células de cancro do cólon sob hipoxia. A ARK5 regula a proliferação e a migração de células sob hipoxia e a sua expressão está correlacionada com um mau prognóstico da doença [82].

A proteína 37 do domínio de repetição da anquirina (ANKRD37) é induzida pelo HIF-1 no cancro do cólon para promover a autofagia [83]. A promoção da degradação do HIF-1a, que é conseguida através da inibição da DNMT, é uma estratégia útil para ultrapassar a resistência à oxaliplatina nas células CRC [84].

5.6 Cancro renal

O carcinoma das células renais (CCR) está entre os 10 cancros mais frequentes nos países ocidentais [85]. Nos últimos anos, foram identificados e categorizados vários subtipos de CCR, em resultado da descoberta de novos marcadores moleculares e citogenéticos [86]. O rim está predisposto à hipóxia devido à anatomia do sistema vascular renal [87, 88]. As células renais têm utilizado diferentes vias moleculares para reagir e se adaptar a reduções da oxigenação renal, incluindo o HIF-1 [89]. Mais de 90% dos carcinomas de células renais de células claras (ccRCC) esporádicos apresentam uma desregulação da via da hipoxia devido à perda de pelo menos uma cópia do cromossoma 3p, que alberga o gene supressor de tumores VHL [90, 91]. Assim, os genes alvo do HIF-1 que promovem a angiogénese, como o VEGF e o fator de crescimento derivado das plaquetas (PDGF), são expressos constitutivamente [55]. Para além da perda de VHL, a hipóxia tumoral e as vias metabólicas alteradas também desencadeiam a atividade do HIF-1 no CCR.

As alterações nas decisões sobre o destino dos ácidos gordos são provocadas por um metabolismo anormal do cancro, que inclui o equilíbrio alterado do CCRcc no sentido de um armazenamento excessivo de lípidos [92]. A carnitina palmitoiltransferase 1A (CPT1A) controla a acumulação de lípidos no CCRcc. É a enzima que limita a taxa do mecanismo de transporte de ácidos gordos, uma vez que regula a entrada na mitocôndria [93]. É reprimida sob hipoxia. O aumento da expressão da CPT1A inibe o crescimento dos tumores ccRCC e o HIF-1 e o HIF-2 inibem A CPT1A através da redução do transporte de ácidos gordos para a mitocôndria, sugerindo que o metabolismo dos ácidos gordos regulado pelo HIF-1 é necessário para o desenvolvimento dos tumores ccRCC. Além disso, a glutamina é necessária para uma série de processos fundamentais nas células cancerígenas, incluindo a produção de antioxidantes para neutralizar as ROS, a manutenção da função mitocondrial e a ativação da sinalização celular. A proteína mitocondrial Sirtuin 4 (SIRT4) desempenha um papel crucial no controlo do metabolismo da glutamina nas células [94]. A SIRT4 exerce efeitos supressores do tumor e demonstrou estar desregulada no CCRcc. A utilização da molécula citoprotectora HO-1, que possui capacidades antioxidantes e anti-apoptóticas, tem sido utilizada em vários ensaios como terapia anti-tumoral. Esta molécula exerce a apoptose aumentando os níveis intracelulares de ROS através da fosforilação da p38-MAPK. A sobreexpressão de HO-1 contraria a supressão do tumor por SIRT4. Os resultados da base de dados TCGA mostram uma correlação negativa entre a expressão do ARNm da SIRT4 e da HO-1. A HO-1 tem sido explorada como um alvo de medicamentos anticancerígenos em vários estudos. A VHL ligase regula a suscetibilidade do CCRcc ao stress metabólico induzido pela SIRT4 através da regulação da sinalização HIF-1/HO-1. Assim, a SIRT4/HO-1 constitui um potencial alvo de fármacos no caso dos CCRcc sem VHL [95].

Por outro lado, as análises genómicas do CCRcc mostram frequentemente deleções numa região do cromossoma 14 onde se encontra o gene HIF-1α [96]. Isto implica que o HIF-1α exerce efeitos anti-tumorais no CCRcc. No entanto, também foi sugerido que o HIF-1α e o HIF-2α desempenham papéis diferentes em diferentes fases da doença. Para além disso, é provável que estes papéis sejam manipulados pelas mutações específicas presentes em cada CCRcc [97]. Especula-se que o HIF-1 mantém o metabolismo glicolítico dos macrófagos M1 que exibem atividade antitumoral [90]. Cowman et al., 2020, mostraram que o HIF-1α é expresso principalmente em macrófagos associados a tumores (TAMs) em ccRCC, enquanto o HIF-2α é expresso por células cancerígenas [98]. O número de TAMs com expressão de HIF-1α está associado a um mau prognóstico da doença.

A ubiquitina ligase E3 Trim21 potencia a degradação do HIF-1α mediada pelo proteasoma, inibindo assim o efeito Warburg nas células CCR [99]. A ADN dioxigenase TET2 também inibe a glicólise aeróbica em CCRcc com deficiência de VHL, inibindo a atividade do HIF-1 [100].

5.7 Cancro do pâncreas

Os dados globais sobre o cancro mostram que o cancro do pâncreas é responsável por 4,5% de todas as mortes por cancro e 2,5% de todos os novos casos de cancro a nível mundial [40]. Embora não esteja entre os dez principais tipos de cancro em termos de incidência, é uma das doenças malignas mais letais, uma vez que o cancro do pâncreas tem um início insidioso, uma natureza agressiva e é sintomaticamente silencioso, o que torna o diagnóstico difícil. Por conseguinte, a maioria dos casos é diagnosticada numa fase avançada, o que torna o tratamento mais difícil [101]. Até 2030, prevê-se que o cancro do pâncreas tenha a segunda maior taxa de mortalidade por cancro nos Estados Unidos, de acordo com uma análise da morbilidade e mortalidade do tumor [102]. Atualmente, o microambiente tumoral hipóxico é o principal responsável pela elevada agressividade e pelo mau prognóstico do cancro pancreático [103]. O microambiente do cancro pancreático apresenta níveis de hipóxia mais elevados do que a maioria dos tumores sólidos, o que se correlaciona com um mau prognóstico [104]. A regulação positiva do HIF-1 e um nicho hipóxico estão ambos presentes no cancro pancreático. Foi demonstrado que o HIF-1α está correlacionado com doença metastática em estádio avançado e menor sobrevivência [105]. O HIF-1 induz a expressão do ativador do fator de crescimento dos hepatócitos, o que leva à ativação da via de sinalização do fator de crescimento dos hepatócitos/c-Met e à invasividade das células cancerosas pancreáticas [106]. O HIF-1 também mantém a glicólise aeróbica e a hipóxia induz a EMT através da regulação positiva da expressão do fator de transcrição TWIST nas células cancerosas pancreáticas [107, 108]. Nos cancros neuroendócrinos pancreáticos, a sobreexpressão de GLUT1 e GLUT3 está correlacionada com o aumento da atividade de HIF-1 [10].

Foi demonstrado que o HIF-1 medeia a evasão imunitária e confere às células cancerosas pancreáticas um fenótipo semelhante ao das células estaminais [109]. A enzima deubiquitylating USP25 estabiliza o HIF-1α no adenocarcinoma pancreático. Assim, a USP25 desempenha um papel fundamental na alteração do metabolismo e da sobrevivência destas células cancerígenas [110]. O HIF-1α contribui para a resistência à quimioterapia e à radioterapia nas células cancerosas pancreáticas. Isto é mediado pela acumulação de HIF-1α induzida por ERK1/2, que induz a expressão da bomba multirresistente ATP-binding cassette subfamily G member 2 (ABCG2). A sobreexpressão de HIF-1α e NF-κB é observada em tecidos de cancro pancreático. Foi sugerido que existe um mecanismo de feedback positivo entre eles, que conduz à resistência aos medicamentos [111].

UHRF1 - um regulador epigenético induz a glicólise aeróbica nas células cancerígenas pancreáticas. Actua através da inibição da expressão de SIRT4, que é um regulador negativo do efeito Warburg [112]. Simmler et al., (2022) identificaram um alvo do HIF-1, o SF3B1 (um fator de splicing), que actua como um coactivador da transcrição mediada pelo HIF-1 [113].

Por outro lado, foi colocada a hipótese de que o HIF-1α actua como supressor de tumores ao inibir a expressão da subunidade 1B do inibidor regulador da proteína fosfatase 1 (PPP1R1B) nas células cancerígenas pancreáticas. Deste modo, impede a degradação da p53. A perda de HIF-1α aumenta a invasão e a metástase das células cancerosas pancreáticas [114].

5.8 Cancro da bexiga

O cancro da bexiga (CBa) é o décimo cancro mais comum a nível mundial [40]. É um dos cancros mais comuns do sistema urinário com uma fisiopatologia complexa [115]. A recidiva e a progressão da doença são atribuídas a um fenótipo altamente invasivo e à resistência à terapêutica [116]. A sobreexpressão de HIF-1 está tipicamente associada a um aumento da angiogénese e a uma menor sobrevivência dos doentes com esta doença [117]. Além disso, a sobreexpressão de HIF-1α, juntamente com a localização nuclear aberrante da proteína p53 mutante, demonstrou estar correlacionada com a agressividade da doença [118].

O SRT1720, um ativador da Sirtuína 1 (SIRT1), inibe a sinalização do HIF-1 por desacetilação do HIF1α através da ativação da Sirt1. Foi demonstrado que inibe potentemente o crescimento de organoides de cancro da bexiga [119]. Além de induzir a glicólise aeróbica, a PKM2 aumenta a angiogénese induzindo a expressão de VEGF e HIF-1α em células de cancro da bexiga através da ativação de STAT3 [120].

No entanto, o papel do HIF-1 nas células do cancro da bexiga não é totalmente conhecido. De acordo com um relatório, o HIF-1α promove a expressão do recetor 3 do fator de crescimento dos fibroblastos (FGFR3), que facilita a proliferação celular através da via da proteína quinase activada por mitogénio (MAPK). O HIF-1 também promove a proliferação, aumentando a expressão do carcinoma uroepitelial associado 1 (UCA1) ou reprimindo a expressão do fator de transcrição CCAAT/enhancer binding protein α (C/EBPa) [121]. A proteína de ligação ao ARN induzida pelo frio (CIRBP) estabiliza o HIF-1α ligando-se ao 3'-UTR do seu ARNm [122].

A expressão mais elevada de HIF-1a está também correlacionada com a quimiorresistência, uma vez que promove actividades antioxidantes e de desintoxicação. O ganho de função da isocitrato desidrogenase 2 (IDH2) altera o metabolismo da glutamina de modo a estabilizar a expressão de Hif-1α e, consequentemente, estimula o efeito Warburg nas células do cancro da bexiga [123].

O miR-200c - um regulador da angiogénese - é expresso em níveis mais baixos nas células do cancro da bexiga. Se a sua expressão for induzida, inibe a expressão de HIF-1a/VEGF através da ativação da sinalização Akt/mTOR nestas células [115].

5.9 Cancro do fígado

O carcinoma hepatocelular, também conhecido como cancro do fígado, é o quinto cancro mais comum e o terceiro mais fatal a nível mundial. A elevada taxa de mortalidade deve-se ao facto de a doença ser assintomática na fase inicial, à resistência à terapêutica medicamentosa e à recidiva frequente [124]. O HIF-1α está significativamente sobreexpresso nos tecidos do CHC em comparação com os tecidos normais adjacentes. A sobreexpressão do HIF-1α está correlacionada com um mau prognóstico no caso do CHC [125].

Nas células hipóxicas do carcinoma hepatocelular, a absorção de glucose e a glicólise são activadas. Uma vez que as células cancerosas hipóxicas necessitam de um fornecimento inesgotável de glicose para o seu desenvolvimento, o HIF-1 estimula a expressão dos transportadores de glicose, nomeadamente GLUT1 e GLUT3, a fim de aumentar a absorção de glicose. A fluorodeoxiglicose (FDG), um análogo da glicose, é absorvida pelas células cancerosas durante o exame PET-CT quando a disponibilidade de O2 diminui [126]. Os doentes humanos com CHC que apresentavam um aumento da captação de FDG tinham níveis consideravelmente mais elevados de expressão de GLUT1 e GLUT3, e a sua sobrevivência global era inferior. A maioria dos genes glicolíticos, como a fosfofrutoquinase hepática (PFKL), a hexoquinase (HK), a aldolase (ALD), a triosefosfato isomerase 1 (TPI), a gliceraldeído-3-fosfato desidrogenase (GAPDH), a fosfoglicerato quinase (PGK), a enolase 1 (ENO1) e o piruvato. A primeira enzima que limita a taxa de glicólise é a hexoquinase (HK). Embora os hepatócitos normais expressem a HK4, o CHC sobreexpressa maioritariamente a isoforma HK2 [127]. Múltiplas linhas celulares de CHC aumentaram consideravelmente o nível de proteína HK2 quando cultivadas em hipoxia. O aumento da HK2 foi causado pelo HIF-1. A expressão de HK2 em células de CHC hipóxicas foi, pelo contrário, aumentada pela inibição do miR-199a mediada pelo HIF1, que normalmente teria como alvo o HK2 e o desregularia. Nas células hipóxicas do CHC, a regulação positiva de HK2 acelerou a glicólise e aumentou a secreção de lactato [128]. Nos doentes com CHC, os marcadores de prognóstico GLUT1/3 e HK2 estão presentes. Clinicamente, a sobreexpressão dos genes para GLUT1/3 e HK2 foi associada a um mau prognóstico e a um estádio avançado do tumor, a um aumento da carga tumoral e a uma taxa de recorrência mais elevada [129].

O fator de transcrição Forkhead box M1 (FoxM1) promove a proliferação em células de CHC. Após a estimulação do fator de necrose tumoral-α (TNF-a), o HIF-1 liga-se diretamente ao promotor FoxMi para aumentar a sua expressão. Isto indica que o eixo TNF-a/HIF-1/FoxM1 pode promover a proliferação de células de hepatoma e a sua resistência à apoptose [130]. O HIF-1 inibe a apoptose nas células do CHC através da regulação positiva da expressão das proteínas anti-apoptóticas survivina e Bcl-2 [131, 132]. Atualmente, a terapia de ablação local está a ser utilizada para o tratamento do CHC. Foi demonstrado que o HIF-1α desempenha um papel importante na recidiva pós-ablação do CHC, promovendo a invasão e as metástases [133].

A protease específica da ubiquitina14 (USP14) está sobre-expressa no CHC. Está associada a um mau prognóstico. A USP14 está envolvida na estabilização do HIF1-α através da sua atividade deubiquitinase [134] .

O HIF-1 induzido pela hipóxia estimula o crescimento do CHC através da indução da expressão de HK2 e da regulação positiva de IGFR2. Também conduz à desdiferenciação e à inibição da apoptose no CHC [135]. Propõe-se que o nível circulante de HIF-1α seja um marcador útil para o diagnóstico e o prognóstico do CHC [136]. De facto, Zhuang et al. (2023) desenvolveram recentemente um novo sistema de pontuação baseado na expressão de HIF-1α e no grau de hipoxia para distinguir os subtipos de CHC [137].

5.10 Cancro do ovário

O cancro do ovário é a segunda neoplasia maligna ginecológica mais comum. Tem a taxa de sobrevivência mais baixa e o pior prognóstico de todos os cancros ginecológicos. A doença é diagnosticada numa fase tardia na maioria dos casos devido a sintomas vagos. É uma doença heterogénea com vários subtipos que diferem na sua expressão genética, origem do tumor e patogénese. A quimioterapia à base de platina, juntamente com a cirurgia, é o tratamento padrão para o CO [138]. Muitos cancros, incluindo o CO, desenvolvem resistência a muitos tratamentos citotóxicos quando a hipoxia está presente [139]. Uma vez que as regiões tumorais hipóxicas recebem frequentemente concentrações fracas de medicamentos quimioterapêuticos devido às limitações da difusão dos medicamentos, estas áreas são fundamentalmente resistentes ao tratamento [140].

A Collapsin response mediator protein-2 (CRMP2), uma proteína associada aos microtúbulos, é uma oncoproteína envolvida na carcinogénese do ovário. A sua expressão está correlacionada com um mau prognóstico da doença. Promove a proliferação, a invasão e a migração das células do cancro do ovário através da ativação da via de sinalização HIF-1α [141].

O potencial recetor transiente de melastatina 7 (TRPM7) é uma proteína de canal catiónico. Transporta catiões, aumentando assim os níveis de Ca^{2+}. É uma quinase e pode ativar-se a si própria e a outros substratos de uma forma dependente de ATP. A supressão da TRPM7 inibe o crescimento de células de cancro do ovário através da inibição da glicólise, promovendo a degradação proteossómica do HIF-1a [142].

O HIF-1α e a histona desacetilase-4 (HDAC4) podem mediar a interação entre a sinalização p53 e RAS para controlar ativamente a resistência à cisplatina do cancro do ovário através da desregulação da apoptose e da autofagia [143].

Mediador de entrada do vírus do herpes (HVEM) - também conhecido como membro da superfamília 14 do recetor do fator de necrose tumoral. Verificou-se que a expressão de HVEM estava positivamente correlacionada com a expressão de HIF-1α no cancro do ovário. Foi proposto que a HVEM regula a expressão de HIF-1α através da via de sinalização AKT/mTOR [144]. No entanto, o papel da sinalização HVEM-HIF-1α no cancro do ovário não está completamente esclarecido.

O aumento do HIF1α em hipoxia leva a uma ligação do HIF-1α ao p53. Isto suprime a ativação mediada por p53 da transcrição da proteína pró-apoptótica BAX e os seus efeitos pró-apoptóticos em resposta ao tratamento com fármacos. Esta interação é anulada pela inibição do HIF1α. Esta estratégia é útil para ultrapassar a quimiorresistência das células do cancro do ovário [145]. A IL-6 aumenta a translocação nuclear do HIF-1α de uma forma dependente do STAT3 nas células hipóxicas do cancro do ovário [146].

Referências

1. Kaelin WG Jr, Ratcliffe PJ. Oxygen sensing by metazoans: the central role of the HIF hydroxylase pathway. *Mol Cell.* 30(4), 393-402 (2008).
2. Fallah J, Rini BI. Inibidores do HIF: Estado do desenvolvimento clínico atual. *Curr Oncol Rep.* 21(1), 6 (2019).
3. Wang J, Katsaros D, Biglia N, *et al.* LncRNA ZNF582-AS1 Expressão e metilação no cancro da mama e suas implicações biológicas e clínicas. *Cancros (Basileia).* 14(11), 2788 (2022).
4. Muz B, de la Puente P, Azab F, Azab AK. The role of hypoxia in cancer progression, angiogenesis, metastasis, and resistance to therapy. *Hypoxia*

(Auckl). 3, 83-92 (2015).

5. Park JH, Lee HK. Compreensão atual da hipóxia no Glioblastoma Multiforme e da sua resposta à imunoterapia. *Cancros (Basileia).* 14(5), 1176 (2022).
6. Zagzag D, Zhong H, Scalzitti JM, Laughner E, Simons JW, Semenza GL. Expression of hypoxia-inducible fator 1alpha in brain tumors: association with angiogenesis, invasion, and progression. *Cancer* 88(11), 2606-2618 (2000).
7. Wang G, Wang JJ, Fu XL, Guang R, To ST. Avanços na segmentação de HIF-1α e futuras estratégias terapêuticas para glioblastoma multiforme (Revisão). *Oncol Rep.* 37(2), 657-670 (2017).
8. Domènech M, Hernández A, Plaja A, Martínez-Balibrea E, Balafui C. Hipóxia: a pedra angular do glioblastoma. *Int J Mol Sci.* 22(22), 12608 (2021).
9. Alzial G, Renoult O, Paris F, Gratas C, Clavreul A, Pecqueur C. Wild-type isocitrate dehydrogenase under the spotlight in glioblastoma. *Oncogene* 41(5), 613-621 (2022).
10. Fujino M, Aishima S, Shindo K, *et al.* A expressão do transportador de glicose-1 está correlacionada com o fator induzível por hipóxia 1α e o potencial maligno em tumores neuroendócrinos pancreáticos. *Oncology Letters* 12(5), 33373343 (2016).
11. Blancher C, Moore JW, Robertson N, Harris AL. Effects of ras and von Hippel-Lindau (VHL) gene mutations on hypoxia-inducible fator (HIF)-1alpha, HIF-2alpha, and vascular endothelial growth fator expression and their regulation by the phosphatidylinositol 3'- kinase/Akt signaling pathway. *Cancer Res.* 61(19), 7349-55 (2001).
12. Semenza G L. Hypoxia-inducible fator 1: oxygen homeostasis and disease pathophysiology. *Tendências em Medicina Molecular* 7(8), 345-350 (2001).
13. Ferlay J, Colombet M, Soerjomataram I, *et al.* Padrões de incidência e mortalidade por cancro na Europa: Estimativas para 40 países e 25 cancros principais em 2018. *Eur J Cancer.* 103, 356-387 (2018).

14. Manohar SM. Insights into the Molecular Drivers of Prostate Cancer (Informações sobre os factores moleculares do cancro da próstata). In: HS Watanabe (Ed.) Horizontes na Investigação do Cancro (Vol. 76). Nova Science Publishers, Nova Iorque, EUA, pp. 1-84 (2020).
15. Rebuzzi SE, Rescigno P, Catalano F, *et al.* Immune checkpoint inhibitors in advanced prostate cancer: current data and future perspectives. *Cancros (Basileia).* 14(5), 1245 (2022).
16. Rastogi I, Muralidhar A, McNeel DG. Vaccines as treatments for prostate cancer (Vacinas como tratamentos para o cancro da próstata). *Nat Rev Urol.* 20(9), 544-559 (2023).
17. Zhong H, De Marzo AM, Laughner E, *et al.* Overexpression of hypoxiainducible fator 1α in common human cancers and their metastases. *Cancer Res.* 59(22):5830-5 (1999).
18. Talks KL, Turley H, Gatter KC, *et al.* The expression and distribution of the hypoxia-inducible factors HIF-1α and HIF-2α in normal human tissues, cancers, and tumor-associated macrophages. *Am J Pathol.* 157(2), 411-21 (2000).
19. Zhong H, Hanrahan C, van der Poel H, Simons JW. As proteínas 1α e 1β do fator induzível por hipóxia compartilham vias de sinalização comuns em células de câncer de próstata humano. *Biochem Biophys Res Commun.* 284(2), 352-6 (2001).
20. Simons JW. Hypoxia-Inducible Fator 1 in the angiogenesis of prostate cancer. In: Prostate cancer: signalling networks, genetics and new treatment strategies (Cancro da próstata: redes de sinalização, genética e novas estratégias de tratamento). Pestell RG, Nevalainen MT (eds.), Humana Press, Nova Jersey, pp. 209-221 (2008).
21. Ranasinghe WK, Baldwin GS, Shulkes A, Bolton D, Patel O. Normoxic regulation of HIF-1α in prostate cancer (Regulação normóxica do HIF-1α no cancro da próstata). *Nat Rev Urol.* 11(7), 419 (2014).
22. Mohamed OAA, Tesen HS, Hany M, Sherif A, Abdelwahab MM, Elnaggar MH. O papel da hipóxia na progressão e metástase do cancro da próstata. *Mol Biol Rep.* 50(4), 3873-3884 (2023).
23. Mitani T, Harada N, Nakano Y, Inui H, Yamaji R. Ação coordenada do

fator-1α induzido pela hipóxia e da β-catenina na sinalização do recetor de androgénio. *J Biol Chem.* 287(40), 33594-606 (2012).

24. Song J, Chen W, Zhu G, Wang W, Sun F, Zhu J. Perfil imunogenético e classificação do cancro da próstata com base na via de sinalização HIF-1. *Front Oncol.* 10, 1374 (2020).
25. Cramer T, Yamanishi Y, Clausen BE, *et al.* HIF-1 α é essencial para a inflamação mediada por células mieloides. *Cell* 2003; 112(5):645-57. Erratum in: *Cell* 113(3), 419 (2003).
26. Walmsley SR, Print C, Farahi N, *et al.* Hypoxia-induced neutrophil survival is mediated by HIF-1alpha-dependent NF-kappaB activity. *J Exp Med.* 201(1), 105-15 (2005).
27. McNamee EN, Korns Johnson D, Homann D, Clambey ET. Hipóxia e factores induzíveis pela hipóxia como reguladores do desenvolvimento, diferenciação e função das células T. *Immunol Res.* 55(1-3), 58-70 (2013).
28. Palazon A, Tyrakis PA, Macias D, *et al.* An HIF-1a/VEGF-A Axis in Cytotoxic T cells regulates tumor progression. *Cancer Cell.* 32(5), 669-683.e5 (2017).
29. Orrantia-Borunda E, Anchondo-Nuñez P, Acuña-Aguilar LE, Gómez-Valles FO, Ramírez-Valdespino CA. Subtipos de cancro da mama. In: Cancro da Mama. Mayrovitz HN (ed.). Exon Publications, Brisbane, Austrália, pp. 31-42 (2022).
30. Gilkes DM, Semenza GL. Role of hypoxia-inducible factors in breast cancer metastasis. *Future Oncol.* 9(11), 1623-36 (2013).
31. Chen X, Iliopoulos D, Zhang Q, *et al.* XBP1 promove o cancro da mama triplo-negativo através do controlo da via HIF1α. *Natureza;* 508(7494), 103-107 (2014).
32. Zhang Y, Zhang H, Wang M, *et al.* Hypoxia in breast cancer-scientific translation to therapeutic and diagnostic clinical applications. *Front Oncol.* 11, 652266 (2021).
33. Liu ZJ, Semenza GL, Zhang HF. Fator induzível por hipóxia 1 e metástase de câncer de mama. *JZhejiang Univ Sci B.* 16(1), 32-43 (2015).
34. Wong CC, Gilkes DM, Zhang H, *et al.* O fator 1 induzido pela hipóxia é um regulador principal da formação de nichos metastáticos do cancro da

mama. *Proc Natl Acad Sci U S A.*; 108(39), 16369-74 (2011).

35. Ebright RY, Zachariah MA, Micalizzi DS, *et al.* A sinalização HIF1A apoia seletivamente a proliferação do cancro da mama no cérebro. *Nat Commun.* 11(1), 6311 (2020).

36. Wicks EE, Semenza GL. Hypoxia-inducible factors: cancer progression and clinical translation. *J Clin Invest.* 132(11), e159839 (2022).

37. Xu K, Zhan Y, Yuan Z, *et al.* Hypoxia Induces Drug Resistance in Colorectal Cancer through the HIF-1a/miR-338-5p/IL-6 Feedback Loop. *Mol Ther.* 27(10), 1810-1824 (2019).

38. Fang W, Liao C, Shi R, *et al.* ZHX2 promove a sinalização oncogênica HIF1α no câncer de mama triplo-negativo. *Elife* 10, e70412 (2021).

39. Schabath MB, Cote ML. Cancer progress and priorities: Cancro do pulmão. *Cancro Epidemiol Biomarcadores Prev.* 28(10), 1563-1579 (2019).

40. Bray F, Ferlay J, Soerjomataram I, Siegel RL, Torre LA, Jemal A. Estatísticas globais do cancro 2018: Estimativas GLOBOCAN de incidência e mortalidade mundial para 36 cancros em 185 países. *CA Cancer J Clin.* 2018; 68(6):394-424. Errata em: *CA Cancer J Clin.* 70(4), 313 (2020).

41. Collins LG, Haines C, Perkel R, Enck RE. Lung cancer: diagnosis and management (Cancro do pulmão: diagnóstico e tratamento). *Am Fam Physician.* 75(1), 56-63 (2007).

42. Yip C, Blower PJ, Goh V, Landau DB, Cook GJ. Molecular imaging of hypoxia in non-small-cell lung cancer. *Eur JNucl Med Mol Imaging.* 42(6), 956-76 (2015).

43. Ancel J, Perotin JM, Dewolf M, *et al.* Hypoxia in lung cancer management: a translational approach (Hipóxia na gestão do cancro do pulmão: uma abordagem translacional). *Cancros (Basileia)* 13(14), 3421 (2021).

44. Li Y, Zhang Y, Li X, *et al.* Status da expressão do fator induzível por hipóxia-1α no câncer de pulmão de células não pequenas. *Pharmazie* 76 (9), 404-411 (2021).

45. Kurtipek E, Koçak N, Esme H, *et al.* O papel da via HIF-1 no cancro do pulmão de células não pequenas. *European Respiratory Journal* 48,

PA2855 (2016).

46. Takasaki C, Kobayashi M, Ishibashi H, Akashi T, Okubo K. A expressão do fator induzível por hipóxia-1α afeta a proliferação tumoral e a antiapoptose no câncer de pulmão ressecado cirurgicamente. *Mol Clin Oncol.* 5(2), 295-300 (2016).

47. Zheng H, Ning Y, Zhan Y, *et al.* A coexpressão de PD-L1 e HIF-1α prevê um mau prognóstico em pacientes com câncer de pulmão de células não pequenas após a cirurgia. *J Cancer.* 12(7), 2065-2072 (2021).

48. Huang R, Zhou P-K. Sinalização HIF-1: A key orchestrator of cancer radioresistance. *Radiation Medicine and Protection* 1(1), 7-14 (2020).

49. Sowa T, Menju T, Chen-Yoshikawa TF, *et al.* O fator 1 induzido pela hipóxia promove a quimiorresistência do cancro do pulmão através da indução da expressão da anidrase carbónica IX. *Cancer Med.* 6(1), 288-297 (2017).

50. Liu W, Chen X, He Y, *et al.* TNF-α inibe a formação de tumor xenoenxerto por células de câncer de pulmão A549 em camundongos nus através da via de sinalização HIF-1a / VASP. *Oncol Rep.* 41(4), 2418-2430 (2019).

51. Isaacs JS, Jung YJ, Mimnaugh EG, Martinez A, Cuttitta F, Neckers LM. Hsp90 regulates a von Hippel Lindau-independent hypoxia-inducible fator-1 alpha-degradative pathway. *J Biol Chem.* 277(33), 29936-44 (2002).

52. Rowlands M, McAndrew C, Prodromou C, *et al.* Deteção da atividade ATPase das chaperonas moleculares Hsp90 e Hsp72 utilizando o kit de ensaio TranscreenerTM ADP. *J Biomol Screen.* 15(3), 279-86 (2010).

53. Kataria N, Martinez CA, Kerr B, *et al.* Os inibidores C-Terminal HSP90 bloqueiam a resposta hipóxica do HIF-1 degradando o HIF-1α através da via de degradação dependente do oxigénio. *Cell Physiol Biochem.* 53(3), 480-495 (2019).

54. Kim MJ, Ku JM, Choi YJ, *et al.* A redução da estabilidade do HIF-1α induzida pelo 6- Gingerol inibe o crescimento do cancro do pulmão através da indução da morte celular. *Moléculas* 27(7), 2106 (2022).

55. Ullah A, Leong SW, Wang J, *et al.* A cefalomanina inibe a função celular induzida pela hipoxia através da supressão da interação APEX1/HIF-1a

no cancro do pulmão. *Cell Death Dis.* 12(5), 490 (2021).

56. Ramalingam SS, Owonikoko TK, Khuri FR. Cancro do pulmão: New biological insights and recent therapeutic advances. *CA Cancer J Clin.* 61(2), 91112 (2011).

57. Anastasiadou E, Jacob LS, Slack FJ. Non-coding RNA networks in cancer. *Nat Rev Cancer.* 18(1), 5-18 (2018).

58. Ouyang J, Zhong Y, Zhang Y, *et al.* Long non-coding RNAs are involved in alternative splicing and promote cancer progression. *Br J Cancer.* 126(8), 1113-1124 (2022).

5 9.Sun H, Huang Z, Sheng W, Xu MD. Emerging roles of long non-coding RNAs in tumor metabolism. *JHematol Oncol.* 11(1), 106 (2018).

60. Hua Q, Mi B, Huang G. The emerging co-regulatory role of long noncoding RNAs in epithelial-mesenchymal transition and the Warburg effect in aggressive tumors. *Crit Rev Oncol Hematol.* 126, 112-120 (2018) .

61. Dayton TL, Jacks T, Vander Heiden MG. PKM2, metabolismo do cancro e o caminho a seguir. *EMBO Rep.* 17(12), 1721-1730 (2016).

62. Hua Q, Mi B, Xu F, *et al.* O lncRNA-AC020978 induzido pela hipoxia promove a proliferação e o metabolismo glicolítico do cancro do pulmão de células não pequenas através da regulação do eixo PKM2/HIF-1a. *Theranostics* 10(11), 47624778 (2020).

63. Manohar SM. Cyclin-dependent kinases as potential targets for colorectal cancer: past, present and future. *Future Med Chem.* 14(14), 1087-1105 (2022).

64. Wang Z, Li MY, Zhang ZH, *et al.* O panaxadiol inibe a expressão do ligando 1 da morte celular programada e a proliferação tumoral através do fator induzível pela hipoxia (HIF)-1α e do STAT3 em células de cancro do cólon humano. *Pharmacol Res.* 155, 104727. (2020).

65. Amin M, Lockhart AC. O papel potencial da imunoterapia no tratamento do cancro colorrectal. *Expert Opin Investig Drugs.* 24(3), 329-44 (2015).

66. Connell LC, Mota JM, Braghiroli MI, Hoff PM. The rising incidence of younger patients with colorectal cancer: questions about screening, biology, and treatment. *Curr Treat Options Oncol.* 18(4), 23 (2017).

6 7.Siegel RL, Miller KD, Fuchs HE, Jemal A. Cancer statistics, 2022. *CA Cancer J Clin.* 72(1), 7-33 (2022).

68. Chaffer CL, Weinberg RA. A perspective on cancer cell metastasis. *Science* 331(6024), 1559-64 (2011).

69. Cui C, Merritt R, Fu L, Pan Z. Visando a sinalização do cálcio na terapia do cancro. *Ata Pharm Sin B.* 7(1), 3-17 (2017).

70. Zhou X, Geng L, Wang D, Yi H, Talmon G, Wang J. R- Spondin1 / LGR5 ativa a sinalização de TGFβ e suprime a metástase do câncer de cólon. *Cancer Res.* 77(23), 6589-6602 (2017).

71. Zykova T, Zhu F, Wang L, *et al.* A função PRPK como alvo bloqueia a metástase do cancro do cólon. *Mol Cancer Ther.* 17(5), 1101-1113 (2018).

72. Coste B, Mathur J, Schmidt M, *et al.* Piezo1 e Piezo2 são componentes essenciais de canais de catiões distintos activados mecanicamente. *Science* 330(6000), 55-60 (2010).

73. Coste B, Xiao B, Santos JS, *et al.* As proteínas Piezo são subunidades formadoras de poros de canais activados mecanicamente. *Nature* 483(7388), 176-81 (2012).

74. Chen Z, Zhu Y, Dong Y, *et al.* A sobreexpressão de TrpC5 promove a metástase tumoral através da via de sinalização HIF-1α-Twist no cancro do cólon. *Clin Sci (Lond).* 131(19), 2439-2450 (2017).

75. Sun Y, Li M, Liu G, *et al.* A função de Piezo1 na metástase do cancro do cólon e o seu potencial mecanismo de regulação. *J Cancer Res Clin Oncol.* 146(5), 1139-1152 (2020).

76. Tsuchiya M, Hara Y, Okuda M, *et al.* O flip-flop da fosfatidilserina à superfície celular é fundamental para a formação de miotubos mediada por PIEZO1. *Nat Commun.* 9(1), 2049 (2018).

77. Kasprzak A. Sinalização do fator de crescimento semelhante à insulina 1 (IGF-1) no metabolismo da glicose no cancro colorrectal. *Int JMol Sci.* 22(12), 6434 (2021).

78. Ji L, Shen W, Zhang F, *et al.* Worenine reverte o efeito Warburg e inibe o crescimento de células de cancro do cólon regulando negativamente o HIF-1α. *Célula Mol Biol Lett.* 26 (1), 19 (2021).

7 9.Seo J, Yun J, Fukuda J, Chun YS. Tumor-intrinsic FABP5 is a novel driver

for colon cancer cell growth via the HIF-1 signaling pathway. *Cancer Genet.* 258-259, 151-156 (2021).

80. Du K, Ren J, Fu Z, Wu X, Zheng J, Li X. ANXA3 é regulado positivamente pelo fator induzível por hipóxia 1-alfa e promove o crescimento do câncer de cólon. *Transl Cancer Res.* 9(12), 7440-7449 (2020).

81. Chai X, Wu X, Ren J, *et al.* Expressão de HIF-1α, ANXA3, CD133 e suas associações com parâmetros clínico-patológicos em carcinoma de cólon humano. *Transl Cancer Res.* 11 (6), 1644-1651 (2022).

82. Peng JK, Shen SQ, Wang J, Jiang HW, Wang YQ. O fator 1-α induzido pela hipóxia promove a proliferação e migração das células do cólon através da regulação positiva da proteína quinase 5 relacionada com a AMPK em condições de hipóxia. *Oncol Lett.* 15(3), 3639-3645 (2018).

83. Deng M, Zhang W, Yuan L, Tan J, Chen Z. HIF-1a regula a autofagia induzida por hipóxia através da translocação de ANKRD37 no cancro do cólon. *Exp Cell Res.* 395(1), 112175 (2020).

84. Wei TT, Lin YT, Tang SP, *et al.* O direcionamento metabólico de HIF-1α potencializa a eficácia terapêutica da oxaliplatina no câncer colorretal. *Oncogene* 39 (2), 414-427 (2020).

85. Dados globais (2023) https://www.globaldata.com/store/report/epicast-report-renal-cell- carcinoma-epidemiology-forecast-to-2023/?utm_source=RS&utm_medium=recommend&utm_campaign=shareviaemail

86. Koul H, Huh JS, Rove KO, *et al.* Aspectos moleculares do carcinoma de células renais: uma revisão. *Am J Cancer Res.* 1(2), 240-254 (2011).

87. Edwards A, Kurtcuoglu V. Renal blood flow and oxygenation (Fluxo sanguíneo renal e oxigenação). *Pflugers Arch.* 474(8), 759-770 (2022).

88. Lübbers DW, Baumgartl H. Heterogeneidades e perfis de pressão de oxigénio no cérebro e nos rins como exemplos da distribuição de pO2 no tecido vivo. *Kidney Int.* 51(2), 372-80 (1997).

89. McGettrick AF, O'Neill LAJ. O papel do HIF na imunidade e na inflamação. *Cell Metab.* 32(4), 524-536 (2020).

90. Kim H, Shim BY, Lee SJ, Lee JY, Lee HJ, Kim IH. Perda da função do gene supressor de tumor Von Hippel-Lindau (VHL): VHL-HIF Pathway e avanços nos tratamentos para o carcinoma de células renais metastático (CCR). *Int JMol Sci.* 22(18), 9795 (2021).

91. Xiao Y, Thakkar KN, Zhao H, *et al.* A m6A RNA desmetilase FTO é um parceiro letal sintético independente de HIF com o supressor de tumor VHL. *Proc Natl Acad Sci U S A.* 117(35), 21441-21449 (2020).

92. Lucarelli G, Ferro M, Loizzo D, *et al.* A integração da lipidómica e da transcriptómica revela a reprogramação do metabolismo e da composição lipídica no carcinoma de células renais de células claras. *Metabolitos* 10(12), 509-9 (2020).

93. Yang L, Venneti S, Nagrath D. Glutaminolysis: a hallmark of cancer metabolism. *Annu Rev Biomed Eng.* 19, 163-194 (2017).

94. Loboda A, Jozkowicz A, Dulak J. HO-1/CO system in tumor growth, angiogenesis and metabolism - Targeting HO-1 as antitumor therapy. *Vascul Pharmacol.* 74, 11-22 (2015).

95. Tong Y, Kai J, Wang S, *et al.* VHL regula a sensibilidade do carcinoma de células renais de células claras ao stress metabólico mediado por SIRT4 através da via HIF- 1a/HO-1. *Cell Death Dis.* 12(7), 621 (2021).

96. Liu H, Li Y, Xiong J. O papel do fator induzível por hipoxia-1 alfa na doença renal. *Moléculas* 27(21), 7318 (2022).

97. Hoefflin R, Harlander S, Schafer S, *et al.* HIF-1α e HIF-2α regulam de forma diferente o desenvolvimento tumoral e a inflamação do carcinoma de células renais de células claras em ratinhos. *Nat Commun.* 11(1), 4111 (2020).

98. Cowman SJ, Fuja DG, Liu XD, *et al.* Macrófago HIF-1α é um indicador prognóstico independente no câncer de rim. *Clin Cancer Res.* 2020; 26 (18), 4970-4982. Errata em: *Clin Cancer Res.* 27(11), 3265 (2021).

99. Chen X, Li Z, Yong H, *et al.* A degradação de HIF-1α mediada por Trim21 atenua a glicólise aeróbica para inibir a tumorigénese e a metástase do cancro renal. *Letra do cancro.* 508, 115-126 (2021).

100. Zhang X, Li S, He J, *et al.* O TET2 suprime o carcinoma de células renais de células claras conduzido por deficiência de VHL, inibindo a

sinalização HIF. *Cancer Res.* 82(11), 2097-2109 (2022).

101. Ilic I, Ilic M. International patterns in incidence and mortality trends of pancreatic cancer in the last three decades: A joinpoint regression analysis. *World J Gastroenterol.* 28(32), 4698-4715 (2022).

102. Rahib L, Smith BD, Aizenberg R, Rosenzweig AB, Fleshman JM, Matrisian LM. Projetar a incidência do cancro e as mortes até 2030: o peso inesperado dos cancros da tiroide, do fígado e do pâncreas nos Estados Unidos. *Cancer Res.* 2014; 74(11), 2913-21. Erratum in: *Cancer Res.* 74(14), 4006 (2014).

103. Koong AC, Mehta V, Le QT, *et al.* Pancreatic tumors show high levels of hypoxia. *Int JRad Oncol Biol Phy.* 48(4), 919-22 (2000).

104. Tao J, Yang G, Zhou W, *et al.* Targeting hypoxic tumor microenvironment in pancreatic cancer. *J Hematol Oncol.* 14(1), 14 (2021).

105. Ye LY, Zhang Q, Bai XL, Pankaj P, Hu QD, Liang TB. Expressão do fator induzível por hipóxia 1α e seu significado clínico no câncer pancreático: uma meta-análise. *Pancreatologia* 14(5), 391-7 (2014).

106. Kitajima Y, Ide T, Ohtsuka T, Miyazaki K. A indução da expressão do gene do ativador do fator de crescimento dos hepatócitos sob hipoxia ativa o sistema do fator de crescimento dos hepatócitos/c-Met através do fator induzível por hipoxia-1 no cancro do pâncreas. *Cancer Sci.* 99(7), 1341-7 (2008).

107. Cao XP, Cao Y, Li WJ, Zhang HH, Zhu ZM. O ciclo de feedback P4HA1/HIF1a impulsiona os fenótipos glicolítico e maligno do cancro pancreático. *Biochem Biophys Res Commun.* 516(3), 606-612 (2019) .

108. Chen S, Chen JZ, Zhang JQ, *et al.* A hipóxia induz a transição epitelial-mesenquimal activada por TWIST e a proliferação de células cancerígenas pancreáticas in vitro e em ratinhos nus. *Cancer Lett.* 383(1), 73-84 (2016).

109. Hamada S, Matsumoto R, Masamune A. HIF-1 e NRF2; Key Molecules for Malignant Phenotypes of Pancreatic Cancer. Cancers (Basel). 2022; 14(2):411.

110. Nelson JK, Thin MZ, Evan T, *et al.* O USP25 promove a reprogramação metabólica patológica induzida pelo HIF-1 e é um potencial alvo terapêutico no cancro do pâncreas. *Nat Commun.* 13(1), 2070 (2022).

111. Jin X, Dai L, Ma Y, Wang J, Liu Z. Implicações do HIF-1α na tumorigênese e progressão do câncer pancreático. *Cancer Cell Int.* 20, 273. (2020).

112. Hu Q, Qin Y, Ji S, *et al.* UHRF1 promove a glicólise aeróbica e a proliferação através da supressão de SIRT4 no cancro do pâncreas. *Cancer Lett.* 452, 226-236 (2019).

113. Simmler P, Cortijo C, Koch LM, *et al.* SF3B1 facilita a sinalização HIF1-e promove a malignidade no cancro do pâncreas. *Cell Rep.* 40(8), 111266 (2022).

114. Tiwari A, Tashiro K, Dixit A, *et al.* A perda de HIF1A das células de cancro pancreático aumenta a expressão de ppp1r1b e a degradação de p53 para promover a invasão e a metástase. *Gastroenterologia* 159(5), 1882-1897.e5 (2020).

115. Wu D, Su X, Lu J, *et al.* Modulação bidirecional da atividade do HIF-2 através de ligandos químicos. *Nat Chem Biol.* 15(4), 367-376 (2019).

116. Wang JZ, Zhu W, Han J, *et al.* O papel do eixo HIF- 1a/ALYREF/PKM2 na glicólise e na tumorigénese do cancro da bexiga. *Cancer Commun (Lond).* 41(7), 560-575 (2021).

117. Theodoropoulos VE, Lazaris ACh, Sofras F, *et al.* Hypoxiainducible fator 1 alpha expression correlates with angiogenesis and unfavorable prognosis in bladder cancer. *Eur Urol.* 46(2), 200-8 (2004).

118. Theodoropoulos GE, Lazaris AC, Theodoropoulos VE, *et al.* Hypoxia, angiogenesis and apoptosis markers in locally advanced rectal cancer. *Int J Colorectal Dis.* 21(3), 248-57 (2006).

119. Tan P, Wang M, Zhong A, *et al.* SRT1720 inibe o crescimento do cancro da bexiga em organoides e modelos murinos através do eixo SIRT1-HIF. *Oncogene* 40(42), 6081-6092 (2021).

120. Xia Y, Wang X, Liu Y, *et al.* PKM2 é essencial para o crescimento e manutenção do cancro da bexiga. *Cancer Res.* 82(4), 571-585 (2022).

121. Chai J, Yin S, Feng W, Zhang T, Ke C. The role of Hypoxiainducible fator-1 in bladder cancer. *Curr Mol Med.* 2023, Jul 20. Epub antes da

impressão (2023).

122. Lu M, Ge Q, Wang G, *et al.* CIRBP é um novo oncogene no cancro da bexiga humano que induz a expressão de HIF-1α. *Cell Death Dis.* 9(10), 1046 (2018).

123. Shigeta K, Hasegawa M, Hishiki T, *et al.* IDH2 estabiliza a reprogramação metabólica induzida por HIF-1α e promove a quimiorresistência no cancro urotelial. *EMBO J.* 42(4), e110620 (2023).

124. Yuen VW, Wong CC. Hypoxia-inducible factors and innate immunity in liver cancer. *J Clin Invest.* 130(10), 5052-5062 (2020).

125. Guo Y, Xiao Z, Yang L, *et al.* Factores induzidos pela hipóxia no carcinoma hepatocelular (Revisão). *Oncol Rep.* 43(1), 3-15 (2020).

126. Iyer NV, Kotch LE, Agani F, *et al.* Cellular and developmental control of O2 homeostasis by hypoxia-inducible fator 1 alpha. *Genes Dev.* 12(2), 149-62 (1998).

127. Pedersen PL, Mathupala S, Rempel A, Geschwind JF, Ko YH. Mitochondrial bound type II hexokinase: a key player in the growth and survival of many cancers and an ideal prospect for therapeutic intervention. *Biochim Biophys Ata.* 1555(1-3), 14-20 (2002).

128. Gwak GY, Yoon JH, Kim KM, Lee HS, Chung JW, Gores GJ. Hypoxia stimulates proliferation of human hepatoma cells through the induction of hexokinase II expression. *J Hepatol.* 42(3), 358-64 (2005).

129. Bao MH, Wong CC. Hipóxia, reprogramação metabólica e resistência a medicamentos no cancro do fígado. *Células* 10 (7), 1715 (2021).

130. Xia L, Mo P, Huang W, *et al.* A regulação positiva da expressão de FoxMI induzida por TNF-a/ROS/HIF-1 promove a proliferação de CHC e a resistência à apoptose. *Carcinogénese* 33(11), 2250-9 (2012).

131. Luo D, Wang Z, Wu J, Jiang C, Wu J. O papel do fator induzível por hipóxia-1 no carcinoma hepatocelular. *Biomed Res Int.* 2014, 409272 (2014).

132. Xu Z, Liu E, Peng C, *et al.* Papel do induzível por hipóxia-1α em células de carcinoma hepatocelular usando um sistema induzível por Tet-on para regular sua expressão in vitro. *Oncol Rep.;* 27(2), 573-8 (2012).

133. Xiao C, Liu S, Ge G, *et al.* Funções do fator induzido pela hipóxia no

carcinoma hepatocelular sob terapias de ablação local. *Front Pharmacol.* 14, 1086813 (2023).

134. Wang D, Haichun M, Zhao Y, Zhao J. A protease 14 específica da ubiquitina é um novo alvo terapêutico para o tratamento de doenças. *J Cell Physio* 236 (5), 3396-3405 (2021).

135. Wu XZ, Xie GR, Chen D. Hypoxia and hepatocellular carcinoma: The therapeutic target for hepatocellular carcinoma. *J Gastroenterol Hepatol.* 22(8), 1178-82 (2007).

136. Li S, Yao D, Wang L, *et al.* Caraterísticas de expressão do fator induzível por hipoxia-1α e seus valores clínicos no diagnóstico e prognóstico do carcinoma hepatocelular. *Hepat Mon.* 11(10), 821-8 (2011).

137. Zhuang H, Zhang Z, Chen B, *et al.* Estratificação prognóstica baseada na sinalização HIF-1α para avaliar o estado de hipóxia e a paisagem imunológica no carcinoma hepatocelular. *Jornal de Big Data* 10, 70 (2023).

138. Stieg DC, Wang Y, Liu LZ, Jiang BH. Desregulação de ROS e miRNA no desenvolvimento do câncer de ovário, angiogênese e resistência terapêutica. *Int JMol Sci.* 23(12), 6702 (2022).

139. Selvendiran K, Bratasz A, Kuppusamy ML, Tazi MF, Rivera BK, Kuppusamy P. Hypoxia induces chemoresistance in ovarian cancer cells by activation of signal transducer and activator of transcription 3. *Int J Cancer.* 125(9), 2198-204 (2009).

140. Stoeck A, Gast D, Sanderson MP, Issa Y, Gutwein P, Altevogt P. L1-CAM numa forma ligada à membrana ou solúvel aumenta a proteção contra a apoptose em células de carcinoma do ovário. *Gynecol Oncol.* 104(2), 461-9 (2007).

141. Jin Y, Bian S, Wang H, *et al.* O CRMP2 derivado de fibroblastos associados ao cancro facilita a progressão do cancro do ovário através da via de sinalização HIF-1α-glicólise. *Cell Death Dis.* 13(8), 675 (2022).

142. Chen Y, Liu L, Xia L, *et al.* O silenciamento de TRPM7 modula a reprogramação metabólica da glicose para inibir o crescimento do câncer de ovário, aumentando a ativação da AMPK para promover a degradação do HIF-1α. *J Exp Clin Cancer Res.* 41 (1), 44 (2022).

143. Zhang X, Qi Z, Yin H, Yang G. A interação entre a sinalização p53 e

Ras controla a resistência à cisplatina através da regulação da apoptose e da autofagia mediada por HDAC4 e HIF-1α. *Theranostics*. 9(4), 1096-1114 (2019).

144. Duan F, Mei C, Yang L, *et al.* A vitamina K2 promove a glicólise mediada por PI3K/AKT/HIF-1a que conduz à morte celular autofágica dependente de AMPK em células de cancro da bexiga. *Sci Rep*. 10(1), 7714 (2020) .

145. Parmakhtiar B, Burger RA, Kim JH, Fruehauf JP. A inativação do HIF do p53 no câncer de ovário pode ser revertida pelo topotecano, restaurando a sensibilidade à cisplatina e ao paclitaxel. *Mol Cancer Res*. 17(8), 1675-1686 (2019).

146. Xu S, Yu C, Ma X, *et al.* IL-6 promove a translocação nuclear de HIF-1α para agravar a quimiorresistência de células de cancro do ovário. *Eur J Pharmacol*; 894, 173817 (2021).

Capítulo 6: HIF-1 como alvo anticancerígeno

O HIF-1α está sobreexpresso numa grande variedade de tumores sólidos, nomeadamente nos cancros do cólon, da mama, do pulmão e do pâncreas. Isto leva à hiperactivação do HIF-1 nestes cancros. Uma vez que o HIF-1 regula várias caraterísticas cruciais das células cancerosas, tem suscitado grande interesse como potencial alvo de medicamentos anticancerígenos. Dado que a atividade do HIF-1 é regulada por várias proteínas de sinalização, cada uma delas pode ser explorada como alvo para conseguir a inibição do HIF-1. De facto, a maior parte dos inibidores do HIF-1 foram inicialmente descobertos como inibidores específicos de outras proteínas de sinalização endógenas e, mais tarde, reconheceu-se que inibiam o HIF-1.

A descoberta de inibidores do HIF-1 começa com o rastreio primário de bibliotecas químicas para identificar novas entidades químicas (NCE). Os ensaios de rastreio de alto rendimento (HTS) baseados em células podem ser utilizados para identificar compostos inibidores do HIF-1. As linhas celulares de cancro humano estavelmente transfectadas (como a linha celular de glioblastoma U251, que sobreexprime endogeneamente o HIF-1α) que albergam um gene repórter como a luciferase sob o controlo transcricional dos elementos de resposta à hipóxia (HRE) são amplamente utilizadas para o ensaio do gene repórter para testar o efeito dos compostos na atividade transcricional do HIF-1. Simultaneamente, é utilizada outra linha celular estavelmente transfectada que contém HRE sob o controlo de um promotor constitutivamente ativo para identificar resultados falsos positivos [1, 2]. As condições de hipóxia podem ser induzidas utilizando uma câmara de incubação de hipóxia ou um indutor químico, como a desferrioxamina (DFX) ou o cloreto de cobalto ($CoCl_2$). Esta estratégia de despistagem pode ser combinada com a despistagem virtual para a otimização de resultados baseados na relação estrutura-atividade (SAR) [3].

Uma vez confirmada a inibição da atividade transcricional do HIF-1 através do ensaio de repórter, a inibição da acumulação de HIF-1α sob hipoxia pode ser confirmada através da análise da expressão proteica por western blotting e da regulação negativa da expressão dos genes-alvo do HIF-1 (como VEGF, GLUT-1, etc.) por RT-PCR e/ou western blotting num painel de linhas celulares cancerígenas. Se o fármaco específico atuar através de uma maior degradação proteasómica do HIF-1α, o mesmo pode ser confirmado na presença de inibidores do proteassoma, como o MG132.

Nas últimas duas décadas, foram testados e confirmados diferentes fármacos que anulam a atividade do HIF-1. Estas moléculas actuam através de vários mecanismos, como a inibição da expressão do ARNm do HIF-1α (EZN-2698) ou a acumulação da proteína HIF-1a (triostina A, digoxina), induzindo a degradação proteasómica (geldanamicina), inibição da ligação HIF-1/DNA (equinomicina), inibição da atividade transcricional do HIF-1 (bortezomib), acetilação do HIF-1α (inibidores da histona desacetilase - tricostatina A, vorinostat), etc. [4, 5] (Fig. [4, 5] (Fig. 6.1). Alguns dos fármacos actuam como pró-fármacos activados pela hipóxia (PR-104, evofosfamida). Muitos destes fármacos revelaram uma fraca resposta em ensaios clínicos devido a questões relacionadas com a toxicidade [5, 6], a meia-vida curta (EO9), a falta de seletividade hipóxica ou a especificidade em relação às isoformas HIF, etc. As estruturas químicas dos inibidores representativos do HIF-1 são apresentadas na Fig. 6.2.

Por outro lado, verificou-se que alguns destes inibidores do HIF-1 apresentam sinergismo com outros fármacos anticancerígenos. O inibidor do HIF-1 tanespimicina em combinação com o fármaco terapêutico anticancerígeno convencional bortezomib reduziu a dor associada à terapêutica e aumentou a eficácia do tratamento em doentes com mieloma múltiplo num ensaio clínico [7]. A tanespimicina inibe a sinalização HIF-1α, associada à Hsp90, acabando por inibir a angiogénese e o crescimento tumoral [8]. Verificou-se que outro inibidor de HIF-1, o LW6, aumenta a citotoxicidade da gemcitabina em células de cancro pancreático [9]. A redução da expressão de HIF-1 por uma série de novos fármacos quimioterapêuticos que estão a ser submetidos a ensaios clínicos pode contribuir para os seus efeitos antitumorais. Alguns desses candidatos clínicos que exibem inibição do HIF-1 são descritos a seguir.

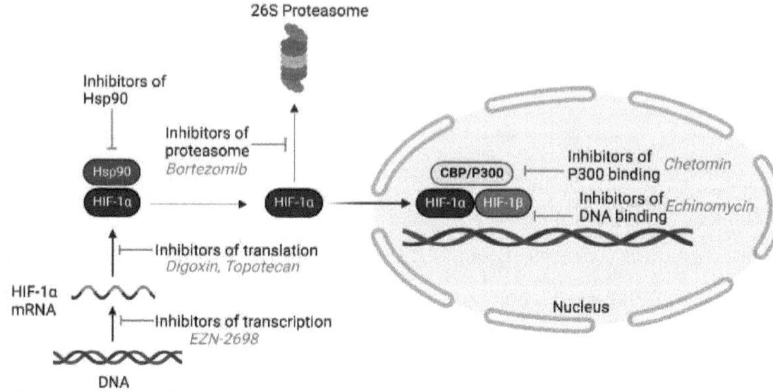

Fig. 6.1 Estratégias potenciais para combater o HIF-1 em cancros

Os medicamentos anticancerígenos anulam direta ou indiretamente a atividade do HIF-1 através de diferentes mecanismos, nomeadamente a inibição da transcrição/tradução, a inibição proteossómica, a inibição da ligação ao ADN/co-ativador, etc.

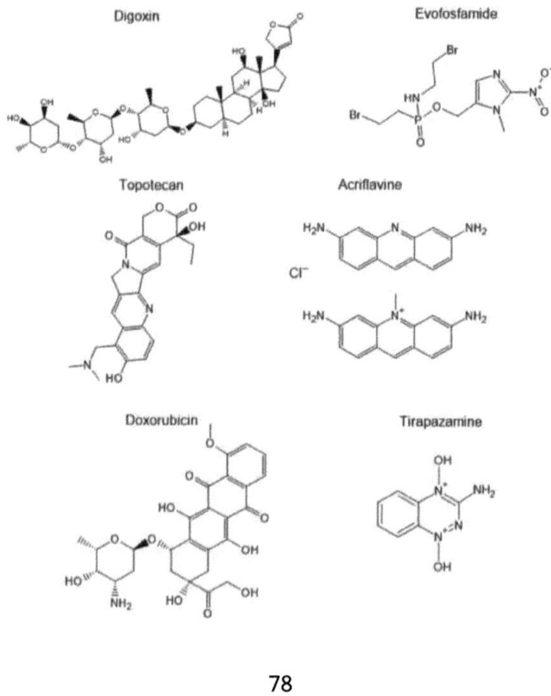

Fig. 6.2 Estruturas químicas de inibidores representativos do HIF-1

Acriflavina: Um dos primeiros medicamentos antibacterianos utilizados foi um corante de acridina chamado acriflavina (ACF), que acabou por ser substituído pela penicilina. Como a acriflavina apresenta uma ação inibidora da topoisomerase, o seu potencial como medicamento anticancerígeno só recentemente foi descoberto. Ao bloquear a dimerização das subunidades do HIF-1 - HIF-1α e HIF-1 β, a ACF também inibe a via de sinalização do HIF-1 [10].

Aminoflavona: O ingrediente ativo do medicamento de ensaio clínico de fase I AFP464⅛, aminoflavona (AF), é um ligante para o recetor de hidrocarbonetos arila (AhR). AhR é um fator de transcrição que dimeriza com HIF-1 β, que é compartilhado com HIF-1α e é essencial para a resposta das células à privação de oxigênio. Demonstrou-se que a FA inibe a acumulação da proteína HIF-1a [11].

BAY 87-2243: Demonstrou-se que inibe a acumulação das proteínas HIF-1α e HIF-2α sob hipoxia na linha celular H460 do cancro do pulmão de células não pequenas (NSCLC). Mas não afectou os níveis de proteína HIF-1α induzidos pelos indutores químicos de hipoxia viz. DFX ou $CoCl_2$. Além disso, o BAY 87-2243 não teve efeito sobre os níveis de expressão do gene alvo HIF-1 nas células RCC4 sem atividade VHL, nem afectou a atividade da prolil hidroxilase inibidora do HIF-1. Foi demonstrado que inibe a ativação do HIF-1 induzida pela hipoxia em células cancerosas através da inibição da atividade do complexo I mitocondrial [12].

Bortezomib (PS-341): O primeiro inibidor terapêutico do proteassoma a ser avaliado em seres humanos é o bortezomib (anteriormente conhecido como PS-341). Está autorizado nos EUA para tratar o linfoma das células do manto e o mieloma múltiplo recidivante [13]. Inibe a atividade do HIF-1 ao inibir o co-recrutamento do coactivador p300 para os genes alvo [14].

Equinomicina (NSC-13502): Impede a ligação da proteína HIF-1 ao HRE na região promotora do VEGF, como é evidente no ensaio de deslocamento da mobilidade electroforética (EMSA) [15].

EZN-2968: É um oligonucleotídeo de terceira geração, ácido nucleico bloqueado, antagonista de RNA que se liga e impede a expressão de HIF-1α mRNA. *In vitro* e *in vivo,* diminui eficaz e seletivamente o ARNm do HIF-1α, os níveis da proteína HIF- 1a e os genes conhecidos regulados pelo HIF-1 [16]. Reduz a proliferação de células tumorais e a formação de tubos em células endoteliais humanas *in vitro*. Um ensaio piloto realizado em doentes com tumores sólidos refractários forneceu uma prova de conceito para a atividade anti-HIF-1 deste medicamento [17].

Rapamicina: Esta molécula impede a serina/treonina quinase mTOR de catalisar a tradução do ARNm do HIF-1α em proteína. A rapamicina reduz a expressão de HIF-1α em hipoxia a concentrações mais elevadas, o que sugere que a mTOR é crucial para promover a síntese de HIF-1α nas células cancerígenas. O HIF-1α é expresso constitutivamente em várias linhas celulares de cancro da próstata, e a rapamicina pode suprimir a expressão do VEGF e do HIF-1α nestas células.

Tirapazamina: Este fármaco é seletivamente tóxico para as células hipóxicas. Nas regiões hipóxicas de um tumor, este fármaco é reduzido por uma enzima intracelular para libertar uma espécie radicalar altamente reactiva que pode induzir danos no ADN, resultando na morte das células cancerosas [18, 19]. Estudos *in vitro* mostraram que a tirapazamina aumenta os efeitos da radiação e da cisplatina em certos tumores [20].

A Tabela 1 resume os estudos pré-clínicos sobre vários inibidores do HIF-1 em modelos *in vitro* e/ou *in vivo* nas últimas duas décadas.

Quadro 1: Estudos pré-clínicos de inibidores do HIF-1 em vários cancros

S. No	Name of the inhibitor	Cancer type	Cell line model	Mechanism of action	Ref.
1.	Acriflavine	Brain cancer	Human glioblastoma cell lines, U87, mouse glioma cell lines, GL261, rodent glioma cell lines, F98, 9L gliosarcoma	Blocks HIF-1's ability to bind to the hypoxia responsive element	[10]
2.	AFP464	Breast cancer	MCF-7	Inhibits HIF1 α transcriptional activity and accumulation, anti-proliferative *in vivo* in MCF7 xenograft model	[11]
3.	BAY-87 2243	Various cancer cell lines	H460, H1299, HCT116, PC-3, SH-SY5Y, RCC4	Inhibits HIF-1 mediated transcription, tumor inhibition in H460 xenograft model	[12]
4	Bortezomib	Hepatoma Bone Marrow Mesenchymal Stem Cells (BMSCs), various cancer cell lines	HepG2 SaOS-2, MCF7, 786-O	represses the transcriptional activity of HIF-1 by inhibiting p300 recruitment Has anticancer activity against multiple myeloma cells but also down regulates protective interactions with bone marrow stromal cells Inhibits HIF-1 transcriptional activity	[13, 14, 21]
5.	Chetomin	Multiple myeloma, Lung Cancer	RPMI8226, LP1 and SKMM2 etc. H1299, H460	Inhibits HIF-1α/p300 interaction Blocks Hsp90/HIF-1 α pathway activity by restricting the Hsp90-HIF-1α binding interaction without	[22, 23]

				affecting the protein levels	
6.	Digoxin	Hepatocellular carcinoma, prostate cancer, lymphoma	Hep3B, PC3, P493	Inhibits HIF-1 protein synthesis, Anti-tumor activity in xenograft models	[24]
7.	DJ12	Breast cancer, renal cancer	MDA-468, ZR-75, MDA-435, RCC4, 786-0	Blocks HIF-1α -DNA binding, inhibits transactivation, downregulates VEGF levels	[25]
8.	Doxorubicin	-	Stably transfected cell lines	Inhibits HIF-1 transcriptional activity	[26]
9.	Echinomycin (NSC 526417)	Glioblastoma multiforme	U251	Inhibits binding of HIF-1α proteins to a HRE sequence, inhibits DNA binding activity	[27]
10.	EO9 (Apaziquone)	Bladder cancer	Human tumor cell line	Shows more cytotoxicity to solid tumors compared to leukemia cell lines *in vitro*.	[28, 29]
11.	Everolimus	Head and neck squamous cell carcinoma	FaDu, SCC114, HN31	Downregulates mTORC1 pathway and HIF-1α protein accumulation	[30]
12.	Evofosfamide (TH-302)	Breast cancer, Nasopharyngeal carcinoma	Human breast cancer cell lines CNE-2, HONE-1, HNE-1	Hypoxia-selective cytotoxicity, inhibition of HIF-1α expression	[31, 32]
13.	EZN-2698	Prostate cancer, glioblastoma	PC-3, DU145 U373	Inhibits expression of HIF-1α mRNA, potent down-regulation of endogenous HIF-1α and VEGF in the liver in *in vivo* model, tumor reduction in DU145 xenograft model	[16]
14.	Geldanamycin	Prostate cancer	PC-3, LNCaP	Induces degradation of hypoxia-inducible factor 1α protein via the proteosome	[33]

				pathway	
15.	KC7F2	Various cancer cell lines	LN229, LNZ308, U251MG, MCF7, PC3 etc.	Inhibits HIF-1-mediated transcription	[34]
16.	LW6	Lung Cancer Colon cancer	A549 HCT116	Mitochondria depolarization proteasomal degradation of HIF-1α via upregulation of VHL	[35, 36]
17.	MK-2206	Lymphoma	Lymphoma cell lines and primary lymphoma cells	Decreased HIF-1α and VEGF expression	[37]
18.	P2630	Prostate cancer	PC-3, DU-145	Inhibits HIF-1α protein accumulation	[2]
19.	P276-00 (Riviciclib)	Prostate cancer	PC-3, DU-145	Inhibits HIF-1α expression and HIF-1 transcriptional activity under hypoxia, induces G2/M arrest	[38]
20.	P3155	Prostate cancer	PC-3, DU-145	Inhibits HIF-1α expression HIF-1 transcriptional activity under hypoxia, inhibits PI3K/Akt pathway, significant in vivo efficacy in prostate cancer xenograft model	[39]
21.	P3971	Various cancer cell lines	H460, A549, PC-3, A2780, HCT116, PANC1, MDA MB 231 etc.	Inhibits HIF-1 and STAT3 transcriptional activity and exerts antiproliferative effects, oral efficacy in H460 and HCT116 xenograft model	[40]
22.	PMX290	Pancreatic cancer	HepG2	inhibits HIF-1 activity and concomitantly sensitizes hypoxic cells to 5FU	[41]
23.	PR-104	Acute leukemia	AKR1C3	Act as a DNA interstrand cross-linking agent in hypoxic cells and	[42, 43]

				exert cytotoxic effects	
24.	PX-478	Pancreatic cancer Various cancer cell lines	Panc-1, BxPC-3 MCF-7, RCC4, HT-29	Enhances radiosensitivity Inhibits HIF-1α protein levels and HIF-1 transactivation potential in normoxia and hypoxia	[44, 45]
25.	Saikosaponin -d	Human leukemia cancer, non-small cell lung, hepatic cancer	Human lung cancer cell line A549	Inhibits the proliferation of A549 by inducing apoptosis and blocking cell cycle progression in the G1 phase.	[46]
26.	Tirapazamine and Cisplatin	Various cancer cell lines	Hela, OVCAR8, HepG2, HCT116 etc.	Inhibits the cellular accumulation of HIF-1α protein, antitumor activity in HepG2 xenograft model	[47]
27.	Topotecan	Small cell lung cancer or ovarian cancer Neuro-blastoma	NCI-H460 SK-N-AS, SK-N-BE2, SH-SY5Y, SMS-KCNR	Shows anticancer affects by targeting DNA topoisomerase I and blockade of DNA replication blocks the insulin-like growth factor-I–stimulated increase in hypoxia-inducible factor-1α protein	[48, 49]
28.	Triostin A	Breast cancer	MCF7	Inhibits DNA binding of HIF-1 and also HIF-1α protein accumulation	[50]
29.	VE-821	Pancreatic cancer	Miapaca-2, PSN-1, PANC-1	ATR inhibitor, sensitization to radiation and chemotherapy in hypoxia	[51]
30.	Vorinostat	Liver cancer cell lines	HuH7, Hep3B	Inhibits HIF-1α translation	[5]
31.	YC-1	Various cancer cell lines	Hep3B, NCI-H87, Caki-1, SiHa, SK-N-MC	Inhibition of HIF-1α activity in tumors from YC-1-treated mice, inhibition of tumor growth by YC-1	[52]

Referências

1. Rapisarda A, Uranchimeg B, Scudiero DA, *et al.* Identification of small molecule inhibitors of hypoxia-inducible fator-1 transcriptional activation pathway. *Cancer Res.* 62, 4316-4324 (2002).
2. Yewalkar N, Deore V, Padgaonkar A, *et al.* Desenvolvimento de novos inibidores que visam o HIF-1α para a descoberta de medicamentos anticancerígenos. *Bioorganic Med. Chem. Lett.* 20 (22), 6426-6429 (2010).
3. Xia Y, Choi H-K, Lee K. Recent Advances in Hypoxia-Inducible Fator (HIF)-1 Inhibitors (Avanços Recentes em Inibidores do Fator Indutível de Hipóxia (HIF)-1). *Eur. J. Med. Chem.* 49, 24-40 (2012).
4. Liang D, Kong X, Sang, N. Effects of Histone Deacetylase Inhibitors on HIF-1. *Cell Cycle* 5 (21), 2430-2435 (2006).
5. Hull DM, Roth DM, Vignaud H, Cullin C, Bouchecareilh M. O inibidor da histona desacetilase, Vorinostat, reprime a expressão alfa do fator induzível por hipóxia 1 através da inibição translacional. *PLoS ONE* 9 (8), e106224 (2014).
6. Hyun Seung Ban, Uto Y, Nakamura H. Inibidores do fator induzido pela hipóxia: um estudo de compostos patenteados recentes (2004 - 2010). *Expert Opin. Ther. Pat.* 21(2), 131-146 (2011).
7. Richardson PG, Chanan-Khan AA, Lonial S, *et al.* Tratamento combinado de tanespimicina e bortezomib em doentes com mieloma múltiplo recidivante ou recidivante e refratário: Resultados de um estudo de fase 1/2. *Brit. J. Haematol.* 153(6), 729-740 (2011).
8. Bui BP, Nguyen PL, Lee K, Cho, J. Hypoxia-Inducible Fator-1: Um novo alvo terapêutico para o tratamento do cancro, resistência aos medicamentos e dor relacionada com o cancro. *Cancros* 14 (24), 6054 (2022).
9. Zhang X, Qi Z, Yin H, Yang, G. A interação entre a sinalização de P53 e Ras controla a resistência à cisplatina via regulação mediada por HDAC4 e HIF-1α da apoptose e autofagia. *Theranostics* 9 (4), 1096-1114 (2019).
10. Mangraviti A, Raghavan T, Volpin F, *et al.* HIF-1α- Targeting Acriflavine

fornece sobrevivência a longo prazo e resposta radiológica do tumor na terapia do câncer cerebral. *Sci. Rep.* 7 (1), 14978 (2017).

11. Terzuoli E, Puppo M, Rapisarda A, *et al.* Aminoflavona, um ligando do recetor de hidrocarbonetos de arilo, inibe a expressão de HIF-1α de uma forma independente de AhR. *Cancer Res.* 70 (17), 6837-6848 (2010).
12. Ellinghaus P, Heisler I, Unterschemmann K, *et al.* BAY 87-2243, um inibidor altamente potente e seletivo da ativação de genes induzida pela hipoxia, tem actividades antitumorais por inibição do Complexo I mitocondrial. *Cancer Med.* 2 (5), 611-624 (2013).
13. Richardson PG, Hideshima T, Anderson KC. Bortezomib (PS-341): A Novel, First-in-Class Proteasome Inhibitor for the Treatment of Multiple Myeloma and Other Cancers. *Cancer Control* 10 (5), 361-369 (2003).
14. Shin DH, Chun YS, Lee DS, Huang LE, Park J-W. Bortezomib Inhibits Tumor Adaptation to Hypoxia by Stimulating the FIH-Mediated Repression of Hypoxia-Inducible Fator-1. *Sangue* 111 (6), 3131-3136 (2008) .
15. Kong D, Park EJ, Stephen AG, *et al.* Echinomycin, a Small-Molecule Inhibitor of Hypoxia-Inducible Fator-1 DNA-Binding Activity. *Cancer Res.* 65 (19), 9047-9055 (2005).
16. Greenberger LM, Horak ID, Filpula D, *et al.* Um antagonista de ARN do fator-1α induzível pela hipoxia, EZN-2968, inibe o crescimento das células tumorais. *Mol. Cancer Ther.* 7 (11), 3598-3608 (2008).
17. Jeong W, Rapisarda A, Park SR, *et al.* Ensaio piloto de EZN-2968, um inibidor de oligonucleótido anti-sentido do fator induzível por hipoxia-1 alfa (HIF-1α), em doentes com tumores sólidos refractários. *Cancer Chemother. Pharmacol.* 73 (2), 343-348 (2013).
18. Koong AC, Mehta VK, Le QT, *et al.* Pancreatic Tumors Show High Levels of Hypoxia (Tumores do pâncreas apresentam níveis elevados de hipoxia). *Int. J. Radiat. Oncol. Biol. Phys.* 48 (4), 919-922 (2000).
19. Semenza GL. HIF-1 and Tumor Progression: Pathophysiology and Therapeutics. *Trends Mol. Med.* 8 (4), S62-S67 (2002).
20. Reddy SB, Williamson SK. Tirapazamine: Um novo agente que tem como alvo as células tumorais hipóxicas. *Expert Opin. Investig. Drugs* 18 (1), 77-

87 (2008).
21. Ullah A, Aziz T, Ullah N, Nawaz T. Molecular Mechanisms of Sanguinarine in Cancer Prevention and Treatment (Mecanismos Moleculares da Sanguinarina na Prevenção e Tratamento do Cancro). *Anti-Cancer Agents Med. Chem.* 23 (7), 765-778 (2023).
22. Viziteu E, Grandmougin C, Goldschmidt H, *et al.* Chetomin, visando o complexo HIF-1a/p300, exibe atividade antitumoral no mieloma múltiplo. *Br. J. Cancer* 114(5):519-523 (2016).
23. Min S, Wang X, Du Q, *et al.* Chetomin, um inibidor da via Hsp90/HIF1a, visa eficazmente as células estaminais e as células não estaminais do cancro do pulmão. *Cancer Biol. Ther.* 21 (8), 698-708 (2020).
24. Zhang H, Qian DZ, Tan YS, *et al.* Digoxina e outros glicosídeos cardíacos inibem a síntese de HIF-1α e bloqueiam o crescimento tumoral. *Proc. Natl. Acad. Sci.* 105 (50), 19579-19586 (2008).
25. Jones DT, Harris AL. Identification of Novel Small-Molecule Inhibitors of Hypoxia-Inducible Fator-1 Transactivation and DNA Binding (Identificação de novos inibidores de pequenas moléculas da transactivação do fator-1 induzido pela hipoxia e da ligação ao ADN). *Mol. Cancer Ther.* 5 (9), 2193-2202 (2006).
26. Tanaka T, Yamaguchi J, Shoji K, Nangaku M. Anthracycline Inhibits Recruitment of Hypoxia-Inducible Transcription Factors and Suppresses Tumor Cell Migration and Cardiac Angiogenic Response in the Host. *J. Biol. Chem.* 287 (42), 34866-34882 (2012).
27. Kong D, Park EJ, Stephen AG, *et al.* Echinomycin, a Small-Molecule Inhibitor of Hypoxia-Inducible Fator-1 DNA-Binding Activity. *Cancer Res.* 65 (19), 9047-9055 (2005).
28. Hendriks HR, Pizao PE, Berger DP, *et al.* EO9: Uma nova indoloquinona alquilante biorredutora com atividade preferencial em tumores sólidos e ausência de toxicidade para a medula óssea em modelos pré-clínicos. *Eur. J. Cancer* 29 (6), 897-906 (1993).
29. Li Y, Zhao L, Li X-F. Alvo da hipóxia: pró-fármacos activados pela hipóxia na terapia do cancro. *Front. Oncol.* 11, 700407 (2021).
30. Alam MM, Fermin JM, Knackstedt M, *et al.* Everolimus Downregulates

STAT3/HIF-1a/VEGF Pathway to Inhibit Angiogenesis and Lymphangiogenesis in TP53 Mutant Head and Neck Squamous Cell Carcinoma (HNSCC). *Oncotarget* 14 (1), 85-95 (2023).

31. Liapis V, Zinonos I, Labrinidis A, *et al.* Anticancer Efficacy of the Hypoxia-activated Prodrug Evofosfamide (TH-302) in Osteolytic Breast Cancer Murine Models. *Cancer Med.* 5 (3), 534-545 (2016).
32. Huang Y, Tian Y, Zhao Y, *et al.* Eficácia do pró-fármaco ativado por hipoxia Evofosfamide (TH-302) no carcinoma nasofaríngeo in vitro e in vivo. *Cancer Commun.* 38(1), 1-9 (2018).
33. Mabjeesh NJ, Post DE, Willard MT, Kaur B, Van Meir EG. Geldanamycin Induces Degradation of Hypoxia-Inducible Fator 1alpha Protein via the Proteosome Pathway in Prostate Cancer Cells. *Cancer Res.* 62 (9), 2472-2482 (2002).
34. Narita T, Yin S, Gelin CF, *et al.* Identification of a Novel Small Molecule HIF-1α Translation Inhibitor. *Clin. Cancer Res.* 15 (19), 6128-6136 (2009) .
35. Sato M, Hirose K, Kashiwakura I, *et al.* LW6, um inibidor do fator 1 induzido pela hipóxia, induz seletivamente a apoptose em células hipóxicas através da despolarização das mitocôndrias em células A549 de cancro do pulmão humano. *Mol. Med. Rep.* 12 (3), 3462-3468 (2015).
36. Lee K, Kang JE, Park SK, *et al.* LW6, um novo inibidor de HIF-1, promove a degradação proteasomal de HIF-1alpha através da regulação positiva de VHL numa linha celular de cancro do cólon. *Biochem Pharmacol.* 80 (7), 982-989 (2010).
37. Buglio D, Lemoine M, Estrella J, *et al.* O inibidor alostérico de AKT MK-2206 demonstra uma atividade antiproliferativa potente em células de linfoma e sinergiza com o inibidor de HDAC Vorinostat,. *B lood* 118 (21), 3729-3729 (2011).
38. Manohar SM, Padgaonkar AA, Jalota-Badhwar A, Rao SV, Joshi KS. O inibidor da quinase dependente de ciclina, P276-00, inibe o HIF-1α e induz a paragem G2/M sob hipoxia em células de cancro da próstata. *Prostate Cancer Prostatic Dis.* 15(1), 15-27 (2012).
39. Manohar SM, Padgaonkar AA, Jalota-Badhwar A, *et al.* Um novo inibidor

do fator induzível por hipóxia-10 P3155 também modula a via PI3K e inibe o crescimento de células de câncer de próstata. *BMC Cancer* 11, 338 (2011).

40. Godse P, Kumar P, Yewalkar N, *et al.* Descoberta de P3971, um novo agente anticancerígeno oralmente eficaz que visa as vias HIF-10 e STAT3. *Agentes Anticancerígenos Med Chem.* 13(9), 1460-1466 (2013).
41. Ravizza R, Molteni R, Gariboldi MB, Marras E, Perletti G, Monti E. Effect of HIF-1 Modulation on the Response of Two- and ThreeDimensional Cultures of Human Colon Cancer Cells to 5- Fluorouracil. *Eur. J. Cancer* 45 (5), 890-898 (2009).
42. Benito J, Shi Y, Szymanska B, *et al.* Hipóxia pronunciada em modelos de leucemia murina e humana: elevada eficácia do pró-fármaco ativado por hipóxia PR-104. *PLoS One* 6(8), e23108 (2011).
43. Li Y, Zhao L, Li X-F. Alvo da hipóxia: pró-fármacos activados pela hipóxia na terapia do cancro. *Front. Oncol.* 11, 700407 (2021).
44. Schwartz DL, Powis G, Thitai-Kumar A, *et al.* O inibidor seletivo do Fator Indutível da Hipóxia-1 PX-478 proporciona uma vivoradiosensibilização através de efeitos estromais do tumor. *Mol. Cancer Ther.* 8 (4), 947-958 (2009).
45. Koh MY, Spivak-Kroizman T, *et al.* Mecanismos moleculares para a atividade de PX-478, um inibidor antitumoral do fator induzível por hipóxia-10. *Mol. Cancer Ther.* 7 (1), 90-100 (2008).
46. Hsu Y-L, Kuo P-L, Lin C-C. A Inibição Proliferativa e o Mecanismo Apoptótico da Saikosaponina D em Células A549 de Cancro do Pulmão de Células Não Pequenas Humanas. *Life Sci.* 75 (10), 1231-1242 (2004).
47. Zhang J, Cao J, Weng Q, *et al.* A supressão do fator induzível por hipóxia 1α (HIF-1α) por Tirapazamine é dependente da fosforilação de eIF2α em vez da via mTORC1 / 4E-BP1. *PLoS One* 5 (11), e13910 (2010) .
48. Lei Z-N, Teng Q-X, Zhang W, *et al.* Estabelecimento e caraterização de uma linha celular NCI- H460/TPT10 de cancro do pulmão de células não pequenas resistente ao topotecano. *Front. Cell Dev. Biol.* 8, 607275 (2020).
49. Beppu K, Nakamura K, Linehan WM, Rapisarda A, Thiele CJ. Topotecan

Blocks Hypoxia-Inducible Fator-1α and Vascular Endothelial Growth Fator Expression Induced by Insulin-Like Growth Fator-I in Neuroblastoma Cells. *Cancer Res.* 65 (11), 4775-4781 (2005).

50. Hattori K, Koike K, Okuda K, *et al.* Síntese em fase de solução e avaliação biológica da triostina A e dos seus análogos. *Org. Biomol. Chem.* 14 (6), 2090-2111 (2016).

51. Prevo R, Fokas E, Reaper PM, *et al.* The Novel ATR Inhibitor VE-821 Increases Sensitivity of Pancreatic Cancer Cells to Radiation and Chemotherapy. *Cancer Biol. Ther.* 13 (11), 1072-1081 (2012).

52. Yeo E-J, Chun Y-S, Cho Y-S, *et al.* YC-1: A Potential Anticancer Drug Targeting Hypoxia-Inducible Fator 1. *J. Natl. Cancer Inst.* 95 (7), 516525 (2003).

Capítulo 7: Resumo

Devido à insuficiente vascularização, a hipóxia é uma caraterística microambiental típica de muitos tumores sólidos. Um regulador fundamental da resposta do tumor em crescimento à hipóxia é o fator de transcrição heterodimérico conhecido como HIF-1. Os níveis da subunidade HIF-1α aumentam em ambientes hipóxicos, quando os oncogenes são activados e/ou quando os genes supressores de tumores são inactivados, o que é necessário para a função do HIF-1 nos tumores. O HIF-1 ativa genes que permitem que as células de um tumor sólido se desenvolvam no ambiente hipóxico nocivo do tumor, através da obtenção de numerosas caraterísticas do cancro. Verifica-se uma forte correlação entre a atividade elevada do HIF-1 nos tumores e o aumento das metástases, que conduzem a uma doença agressiva com mau prognóstico. A biologia da via do HIF-1 e o seu papel como potencial alvo anticancerígeno têm suscitado um enorme interesse devido aos efeitos extensivos do HIF-1 na progressão do cancro através de alterações da expressão genética que conduzem à resistência à quimioterapia e/ou à radioterapia. No entanto, a complexidade da regulação da via do HIF-1 torna difícil o desenvolvimento racional de inibidores específicos do HIF-1. Prevemos um futuro em que poderão ser desenvolvidos inibidores mais selectivos do HIF-1, tendo em conta o progresso acelerado da biologia molecular e as novas tecnologias para atingir eficazmente as interações proteína-proteína.

MIX
Papier aus verantwortungsvollen Quellen
Paper from responsible sources
FSC® C105338

Printed by Books on Demand GmbH, Norderstedt / Germany